中国设计现场

A Record of Chinese Design

观念的撞击

The Clash of Ideas

《中国设计现场》编委会 编

A Record of Chinese Design Editorial Board

同济大学出版社 · 上海

TONGJI UNIVERSITY PRESS · SHANGHAI

前言

当我们出于自发地打开一本书，或不惜路途地走进一片展场，最好的情境或许是：它的发生只是出于某种“兴趣”。这种“兴趣”，意味着：你并不意图从此过程中，获得什么，无论是获得可供存蓄的信息或知识，还是获得某种看似坚实而确证的解答，当你抛下了要积累或抵达什么的欲望，就不再将面前展开的这片世界，习惯性地视作一片能“为我所用”的“工具”，而能够真正地——“走进那里”。正如“兴趣”(interest)的拉丁文词源“inter-esse”，它的意思是：“在其中”或“去到那里”。

要抵达这部书所在的区域，需要逐级攀上一座 4.5 米高的楼梯，我们将活跃在不同领域的中国设计师们的所思，在长约 40 米的登高路途中铺叙。这个行进的过程，如今只少有地出现在人们身处自然时的徒步经验里。在自然中行走时，我们的经验如此展开：抵达远方那个目的地的欲望，路况与天色，接近目的地的程度——沿途的风景不断变化，而观看那个目的地的视角也随之变幻，那个目的地是同一个地方，然而却从各种各样的地点被观看，每次的观看都会带来新的形变，天气、时间、人的身体与心理状态，所有这些不确定的元素都参与到那个目的地最终映现在观者心镜中的样貌里。而这个样貌，不是固定的，它是一系列视点变化的过程。我们在其中移动，也使得那个目的地移动，回应它、改变它、创造它。

设计，具有自然一般真实可触的物质性。然而，在这场记录中国当下设计现场的展览中，我们并不意图以坚实的“物”的呈现，将观者引向“中国设计之所是”的固定判断。整场展览以“提问”牵引：将今天急速变化的时代环境下，中国设计正在面对的问题抛予现今活跃在建筑、室内、时尚、产品、平面设计各领域的设计师们，邀请他们从各自的思想与实践出发，展开回应。

这四个提问的建构，犹如架起一条钢索，在外界各种不定的因素下，我们有时在一端，有时在另一端，更多的时候则在找寻和开辟蹊径，于混乱和偶然之下，不断锁定目标，依旧勇往直前。而“中国设计”的样貌、价值或意义，正犹如旅途中那个远方的目的地，它由这些设计师们不断的行进构成，由纷乱、复杂却最终汇聚在一起的连续不断的过程构成，正是在这个行进的过程之中，行动的意义获得了它的形式和结构，不断印证着——存在。

而对于展开这本书、来到展场的你，我们邀请你和我们一起历经这趟有关中国设计的路途，我们邀请你和我们一起：回应它、改变它、创造它。

—— 策展人 汪汝徽 Violet Wang

目录

Q1

视觉经验与实体经验：

社交媒体是否 / 如何影响了你的设计工作？

你怎么处理社交媒体的视觉图像经验与设计予人的实体经验这两者？

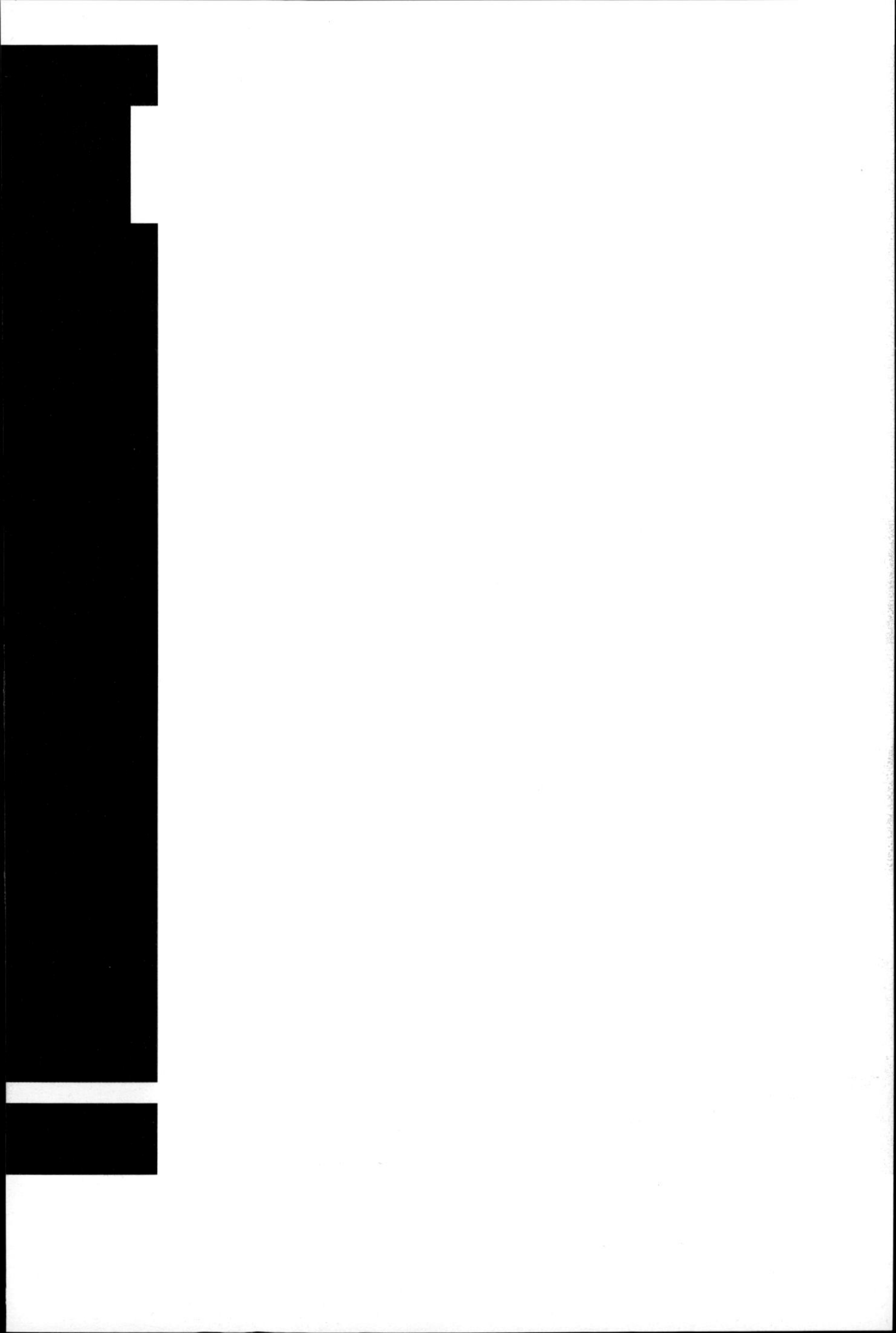

OPE

建筑

为了

的感

这无

体的

Studio KAE:

在设计过程初期，我们往往会刻意回避社交媒体过量图片讯息带来的干扰，工作室的设计实践更习惯于从材料和工艺出发，视觉的呈现自然地依附于实体的质地属性。

STUDIO DPi:

社交媒体其实并没有太影响我们的创作概念和思维方式，它只是整个工作流程中的辅助环节。我们对于社交媒体所警惕的，其实是不加思考的工具依赖。

靳远：

记忆是模糊但却完整的“场”，视觉图像经验与之相比，甚至不能算是经验。因此我不至于和图像快感过于亲近。

西涛设计工作室：

图像是很重要，也可能不是重要的。我们很希望自己的项目可以呈现出独特的图像感，仅作为一种幸运的结果而不是前提。

Nan Knits:

我们希望构建起 Nan K
的独特未来美学宇宙，将
交媒体上具有同样兴趣的
费者，特别是 Z 世代的年
消费者聚集在一起。

建筑事务所：

建造的本来目的是

是供实体经验，精神

要通过身体去体验。

也不应该被社交媒

像经验所代替。

Nothing

对于设计而言，这是一把双刃剑。因为社交媒体，设计的各个方面在以前所未有的速度传播，优秀的设计可以快速被传播，但同时在算法“喜欢一继续推荐一更喜欢”的螺旋中胜出的设计也会趋于极端或极致。而设计的知识和理论也变得越来越像“段子”，

真正的知识和经验因为枯燥复杂而变得难以获得。

陈旻：社交媒体的发达让整个设计艺术界同质化越发严重……而我更想利用展览的方式将传统工艺和设计抽丝剥茧，让人们深入了解“可触可感”的艺术

Atelier V&F：

社交媒体充当的角色对我们来说是“当下性”，它是重要的，但它也只是文化的其中一个片段。

AIM 恺慕建筑设计：

这些新媒介的出现，让比较“隐蔽的”项目在不需要墨守成规地自带“可见性或可接近性”的情况下向大众展示自己。这是一种巨大的解放！

卜佳新：

社交媒体很好地梳理了创作者的观察脉络，帮助他们回顾过往的记录，以及规划新的版图。

长：当我们感知到信
境的变化时，也需要
碎片化与符号化的信
在这个过程中对当下
计语言、风向趋势以
们的接受度都会有更
清晰的认识。

城市更新建筑设计事务所：裸筑
计实践的核心，是围绕物理感
而展开……因此，我们对待视
图像经验，能被如实记录就已
了。

建筑营设计工作室：
图像传播效应确实可能会为项目带
流量，对于消费时代下的空间来说
也是重要的。我认为视觉图像是结果
不应该是设计的目标。实体空间的
染力是产生一切视觉图像的基础。

Chaos Programme：从创作的
度来看，我们更倾向于
在一个较为封闭的信息环境中
过多的信息反而会影响创造力

刘珩：
如今社交媒体和新媒体的传播方式
很大程度上影响了传统的设计工作
这些传播带来的视觉经验往往是二
的……这和在一个建筑里的实体经
有很大的区别。

ONOAA STUDIO 建筑室内设计事务所：

把设计落地好，是平衡的方式。

Ming Design Studio：

我们倾向于不受外界影响，聚焦如何把更多
时间花在设计给予人的实物体验上。

聂若涵：

对于实体的设计，我们还是会继续吹毛求疵
下去。让在社交媒体上对品牌感兴趣的人，
看到实物不会失望，有更耳目一新的体验。

Moi Design：
抛开刻意操纵，对于如设计师这类创作者来说，这种数字化喂养显然也不太可能是个好事情，看看那些所谓的网红产品吧，几乎都有着整容脸。

Order Studio：

观察自然和生态学的运作原理，是创造我们所需的未来设计的根本。

Louis Shengtao Chen：
其实当下的很多时候，在我们产出图像时，大家对于社交媒体的依赖都带有很高的比重……对于我们这一代年轻人来说，这是非常具有起启蒙性和决定性的一个存在。

Ponder.er：

社交媒体带给观众的视觉刺激和牵引，是不能取代设计给予的实体经验的。设计和人体的互动，是在数码世界难以呈现的。

022397：

碎片化但高效，化及其情感从图看是殊途同归的自由又不太自由

水雁飞：

社交媒体有一种平滑感，但也给建筑师一个机会把那些过去搬不上台面的过程呈现出来。视觉图像和在场我觉得不存在平衡，它们也不是一个镜像关系。

周宸宸：从相对狭义的创作本身来看，我们需要明白是数字时代在未来发展的轨迹改变了人们的生存方式、梦想和理想，而并不是社交媒体改变了这一切。

方书君
的视觉
以及信
随机性
通过记
反应在
唤起的
更是潜
间会产

同质化但平等。个人
像传播的规则角度上
对我来说这是一个
的新世界。

studiososlow：一直在呈现符合产品设计意图、符合工作室设计哲学的视觉图片，希望能更加丰富产品在各个方面的维度，而不只局限于像是“产品返图”的千篇一律的“好卖”的产品的样子。

作室：社交媒体
像有偶然性，
获取与发现的
而实体经验会
身体、情感的
作中被唤醒，
刻是随机的，
识的。两者之
有趣的张力。

土上工作室：

在创作方法上社交媒体对我们影响不大，我们的设计仍优先努力实现好的实体经验，毕竟建筑的终极体验得建立在实体经验之上。

众建筑：
我们的考虑是如何兼具两者，如何利用视觉传播吸引人来真实体验，如何利用视觉传播实现真实社会更多的改变。

钟梓欣：

不得不承认，在社交媒体的影响下，为了获得更多的媒
关注，在创作中适当地加入有话题的（有热度的）设计点
必要的。

我们可以说“是”，但也可以说“不是”。
让我详细说明一下。

“是”的原因：当今社交媒体创造了一种完全不同的“发掘”或“发现”的形式，更像一个新的规则。一个非常好的项目可能没有被大众发现，但这些新媒体的出现，让比较“隐蔽”的项目在不需要墨守成规地自带“可见性或可接近性”的情况下向大众展示自己。这是一种巨大的解放！我们可以通过社交媒介发掘比较隐藏的或遥远的事物。甚至世界上最微小的角落也能够展现出最强大的力量。这也允许我们用设计来讲述故事，并以不同的形式呈现在新媒介上。

HARMAY 話梅上海安福路首店 © 阴杰

项目编号 No.0378 © 田方方

就拿上海的 HARMAY 話梅的三个阶段来说：

1. 当我们第一次在安福路首店向消费者提供在线上品牌的仓库中进行线下购物的形式时，人们对此是如此地陌生，以至于通过社交媒体的传播才“发现”这个新概念。

2. 正如我们在武康路（现話梅武康路店）举办的 AIM15 周年展览项目（项目编号 N.0378）中所做的那样，我们在展览三楼一个原始的混凝土空间里放置了三个镜子盒子，从概念理论上谈论我们如何改造这栋混凝土老建筑遗产。在这里诗意抽象变成了一个完美的背景，让所有的女孩和男孩融入空间，把自己和空间留存在照片里，并上传到社交媒体上。

地球的原貌、未来的镜子和人的血肉之躯，都在互联网的第四维度上被捕获。没有比这更完美的了。

HARMAY 上海武康路話梅坊 © Dirk Weiblen

3. 现在，話梅武康路店一层的广场已经成为公共空间，一个大家聚集庆祝的活动之地，是这一代人的舞台，一个无论计划与否都持续流动在社交媒体的大型活动。

我们了解这个世界有很多维度，我们从历史汲取养分，从当下获得体验，而创造则是对未来的想象。社交媒体充当的角色对我们来说是“当下性”，它是重要的，但它也只是文化的其中一个片段。我们看到这个世界正在发生什么，也会影响我们对未来的期望与理解，这不仅仅关乎设计工作。

社交媒体的视觉图像经验一般来说具备趋势与实效性，设计给予人的实体体验则是更加全面的维度。我们在创作的时候，更多是围绕后者。创作的文化思考，人与物的对话，灵感来源……对我们来说是更加重要的过程。

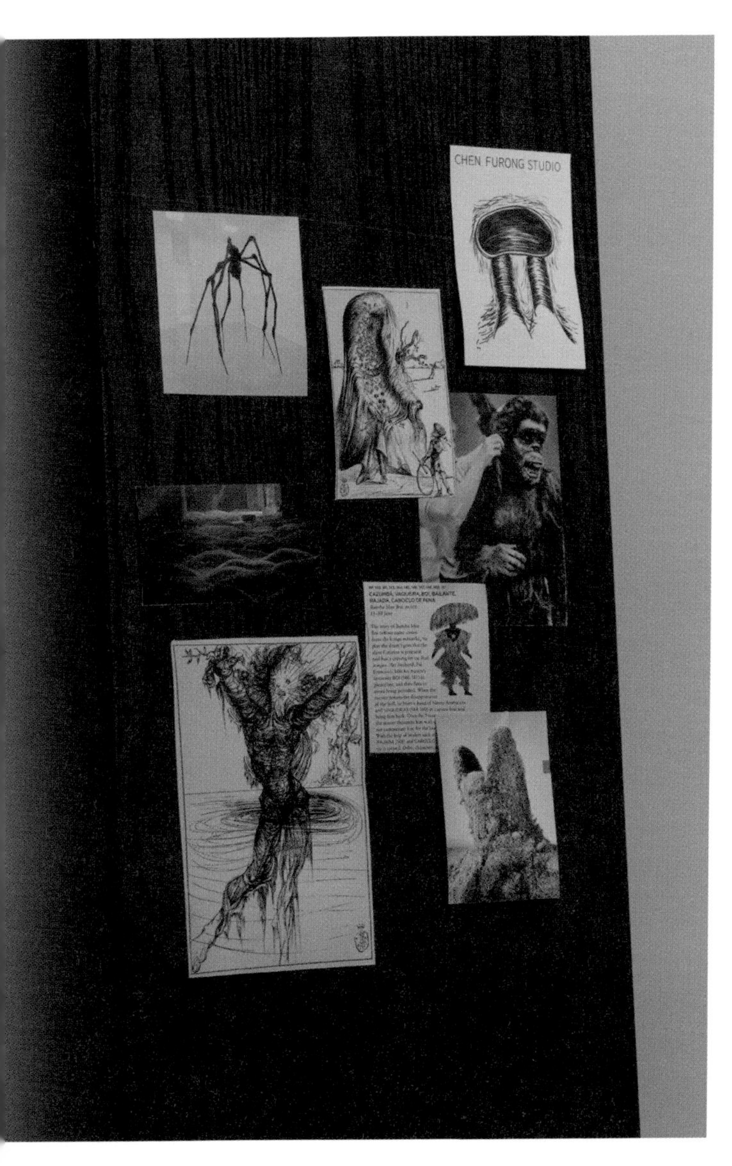

卡俄斯之隙系列灵感来源

社交媒体很好地梳理了创作者的观察脉络——回顾过往的记录，以及规划新的版图。我认为视觉图像经验是前提，实体经验是学习过程，反馈经验是结果。在第一个环节卡住的话，往往会直接开始实践，答案可能就会随之而来。

4G
160
407
粉丝
815
关注
Seraph
硬欧
17:00
4G
jiaxin.bu
17:01
4G
jiaxin.bu

当我们被图

候，只有通过

从创作的角

更倾向于在

的信息环境

息反而会影响

“支配”的时
实践来解决。
来看，我们
个较为封闭
。过多的信
创造力。

社交媒体的发达让整个设计艺术界同质化越发严重。加上疫情原因，大家都足不出户，多数时间只依赖网络这一种渠道获取新知，许多想法都是基于偶然刷到的图片或视频刺激，至于创作背后的故事，似乎没人真的在关心了。

neooold 新开物 2020 现场 ∧
neooold 新开物 2021 现场 >

我觉得我现在做“neooold 新开物”就是想反其道而行之，让“创造”更多地回到真实的生活经验之中。社交媒体是传播设计的途径之一，而我更想利用展览的方式将传统工艺和设计抽丝剥茧，让人们深入了解“可触可感”的艺术。当然，我也不清楚这算不算是社交媒体对我的反向影响。

neooold
新开物

社交媒体如此强大，影响着生活的方方面面，人与人的交流变得更容易了。它可能带来一些新的设计机会，增加项目的沟通频次，也是重要的交流工具。疫情条件下，没有腾讯会议，设计工作都无法展开。

视觉经验本身就是实体经验的一部分。空间设计需要调动人的全方位的身体感知，视觉也是其中之一，所以两者不存在对立关系。当然我们都知道视觉图像永远比不上身临其境那样令人印象深刻，因为这就是实体空间艺术的魅力所在。但图像传播效应确实会为项目带来流量，对于消费时代下的空间来说，也是重要的。我认为视觉图像是结果，不应该是设计的目标。实体空间的感染力是产生一切视觉图像的基础。

不爱拍照，拍得也不好——这是我对第一个问题中这种情况的抵抗。去了挺多值得玩味的地方，大多数是一张照片都没留下，只留下记忆。记忆是模糊但却完整的“场”，视觉图像经验与之相比，甚至不能算是经验。因此我不至于和图像快感过于亲近。

深圳学校改造 ⌃

教学楼与运动场之间我们嵌入了一个在烈日下可以遮荫的连廊，一期工程刚刚解除围蔽，就迎来了一位同学的体验。

顺德私宅 ∧

顶层，视线刚好越过树梢，为了这种眼睛的释放我们设计了水平长条窗，而工地的这一呈现使我们和业主漫长的期待化为现实。

建筑设计：多重建筑；摄影：多重建筑 陈利

三水文化宫工地

工友午休时在灰空间打牌。而事实上，她们坐的位置在图纸上恰恰就是灰空间棋牌区。

建筑设计：多重建筑；摄影：多重建筑 陈利

视觉经验与实体经验

记忆是不可能完全分享给另一个人的，社交媒体是想努力证明它可以。创作予人的是——承认它不可以被完整分享，却恰当地将其中一个小切片转译出来：即实体空间是创作者的不完整分享，但生成使用者的完整记忆。倘若有天可以做到完整分享，那就重新讨论这个问题，或是我们会遇到更大的问题。

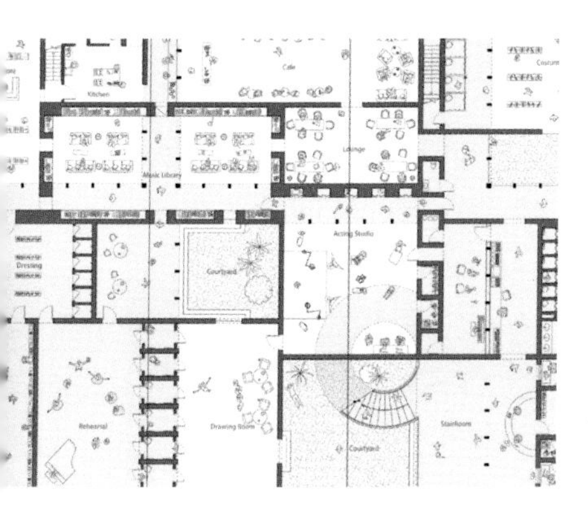

《Through Thick and Thin》首层平面

平面布局的目的：建筑是促发人与人的丰富身体经验的“局”。快乐源于从一个空间穿越到下一个空间的张力，当很多人同时在如此体验和使用这栋楼时，平面最终成了“局”。

对于 Q1：我并非在平衡这两者，我工作的来源与目的，都是身体经验。

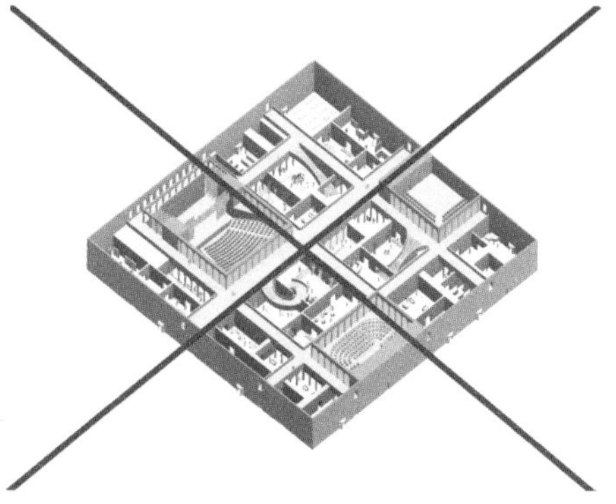

《Through Thick and Thin》全景图（绘制后摒弃）

社交媒体的视觉图像是一种瞬时快感，而“设计”并不这么直接。很多年前我也走过这种弯路。在《Through Thick and Thin》里我尝试用这张全景图把这栋楼的奥秘用一张图像直接呈现出来。而后我悔悟它的幼稚——把真实体验的张力扁平化了：“我一下全看到了，这里有 ABCDE。”而真实发生的是：我穿过 A 来到 B，闻到了隔壁 C 飘来的咖啡味儿，朋友从 D 探出头看到了我，我们将在一个地方相遇，一个此时我全然不知的空间 E。

既然身体经验如此爽，比视觉图像好玩这么多，那为啥还有 Q1 这种纠结？我觉得是来自很现实的原因：建筑的设计以月为单位，落成以年为单位，在视觉图像产生的瞬时快乐的海洋的深处，建筑师在漫长的虚构工作里踽踽独行。即便好不容易开工建设了，产生的工地照片也远非光鲜亮丽的。这个过程中，依旧是工地骨架透露出的，比图纸更有实证力的身体经验在抚慰和鼓励我们。

社交媒体促使信息传播更加快速、趋于扁平化，这使得人们能够在短时间内对于信息元素达到相同的感知力度，便减少了地域隔阂导致的信息接收的时间差。设计师作为信息的收集者与传达者需要有异于常人的敏感度，以及对于周边事物以及环境的观察能力。当我们感知到信息环境的变化时，也需要收集碎片化与符号化的信息，在这个

过程中我们对当下的设计语言、风向趋势以及人们的接受度都会有更敏锐清晰的认识。在此基础上，设计师需要将信息整理与编辑，最后演绎为设计创作。

设计师是一个需要与人来交流的行业，不能陷入自己固有的思维模式里。外部环境变化生发出的新鲜事物能够给设计师提供创作的驱动力，帮助设计师更加准确地捕捉社会动向，从而产出更好的形式与作品。

URBANCRAFT,
Dutch Collection
摄影：Boris Shiu

这确实是当下改变了空间体验的一个问题。如今社交媒体和新媒体的传播方式在很大程度上影响了传统的设计工作。这些传播带来的视觉经验往往是二维的，虽然也有视频甚至是虚拟现实的记录，但最终呈现出的还是选择性的、虚拟化和扁平化的展示。这和在一个建筑里的实体经验有很大的区别。

我们作为建筑师在设计建筑项目的时候，往往会体会到建筑设计是一个整体性的问题，包括时间性、空间性及整体的功能使用，还有对视觉感受，甚至是声音和气味

桌景：深圳留仙洞万科云设计公社 B4 地块

设计采用化整为零的手法，将地面层作为公共绿地公园，同时把一个占地超过 7000 平米的超大地下办公空间回归到人的尺度，并赋予其开放的公共性。31 张独立、简洁、样式各异的“桌子”共同组成一片地上与地下的双重景观，地上与地下、办公空间与公共空间的显与隐之间，孵化出一个别样的“共享大院”。

层次丰富的体验空间及路径
© 张超

的个人阐释，是非常完整的人对于空间的体验感；而单单从视觉经验上来说，也许只是被过滤的、片面的观感，而不是整体的体验，所以两者的差别非常之大。

这在某种意义上也影响了很多建筑师的设计工作，一批为平面化视觉传播而生的“网红建筑”也随之而来。也许有人认为可以从这些视觉冲击上获得一些自我的想象，但是我觉得是非常有限的。片面的视觉经验往往会带来很多错觉，这些错觉在某种意义上也是一种误导。设计师如果把这样的视觉体验作为建筑设计的出发点甚至目的，我觉得是非常危险的。

盐田大梅沙村建筑改造及公共空间提升

呼应 2017 深港城市\建筑双城双年展盐田分展场“村市(是)厨房”的策展主题，提出“1+10+500”的城市设计提升概念，梳理出一条清晰的空间再生产叙事策略。菜田地展览馆根据场地原有宅基地划分为若干 100 平方米的区域，并二次分解为室内和室外，提供交叉组合的参观路线；榕树边 10 号楼改造保留原有承重结构、以设计回应建筑和榕树的空间关系；点状改造的民宅通过 500 米长的街道与榕树广场、中心广场和菜田地串联。

菜田地展览馆 © CreatAR Images

首先作为自己所处时代的年轻设计师，我的成长本身和周围的环境就与 social media 息息相关。比如我曾经在欧洲的设计行业实习，我记得当时一些有趣的经历，包括我学到的知识，其实都是非常与时俱进的——我们可以把 Instagram 上一些有趣的、不管是文化还是潮流相关的 visual image 作为我们重要的设计灵感。我觉得这些 social media 给我们这些设计师带来的影响是非常直观的，尤其是被当作灵感的那些影响。

其次，我觉得其实当下的很多时候，在我们产出图像时，大家对于社交媒体的依赖都带有很高的比重——比如，当我们去做一个秀或是一个场景时，它们在拍照打卡时是否好看？人物在里面拍出来是不是美的？这些意识其实都反映出当下这种虚拟的 social media 所带来的影响，对于我们这一代年轻人来说，这是非常具有启蒙性和决定性的一个存在。

建筑师是一份很古老的职业，关乎建造、安全、稳固、比例、场域等。所有这些关键词、知识点，99% 都是“线下”的，即物理世界的感知。我始终认为如果没有地球引力的物理作用，这份职业将不复存在。

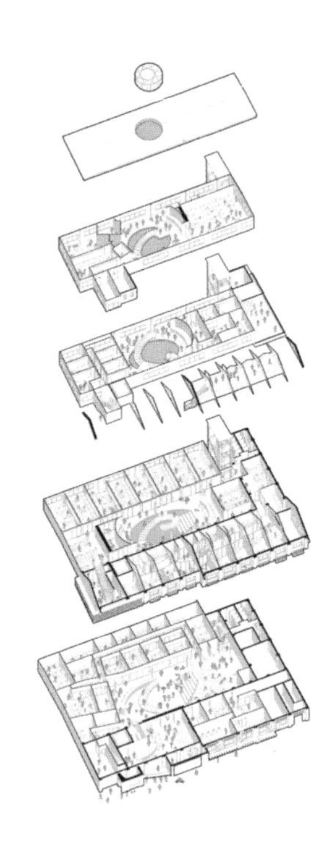

裸筑设计实践的核心是围绕物理感知而展开的。我们尝试更环保的材料，探究更轻盈的建造，连接更善意的场所，寻找更经济的造价，实验有趣的视觉比例，等等。这几点是立所之本，让我们自己站住了。因此，我们对待视觉图像经验，能被如实记录就已足够。举个例子，我们的第一个实践项目——有光厂房改造，主要立了一个旋转楼梯打通了垂直交通，引入了天光，在落成之后收获了一大波视觉红利，网红楼梯引出了热点。但对于裸筑而言，我们关注的是，由这个楼梯带来的实体经验——“让年轻人更体面地迎着阳光走向自己的办公室”，这是视觉图像很难传播的价值观，而这却是我们真正在意的表达——基于物理世界的真实感知。

有光厂房改造 2016
设计：裸筑更新

社交媒体的进化进
们的使用习惯和生
在这一点上我们是
于不受外界影响，
间花在设计给予人

似乎远远快于人
体验的“进化”，
统的，我们倾向
焦如何把更多时
实物体验上。

我认为社交媒体相对于传统媒体的最大变化在于其驱动的方式而非表现的形式，相对于其提供的多媒体内容在感官体验层面带来的直接影响，社交媒体背后产生内容和推送内容的机制所产生的影响更为长远、持续且不易被察觉。夸张一点说，我们通过社交媒体看到的内容并非以一种自然且主动的方式获得，相反是基于我们的使用习惯和社交关系生成，并假装“随意”地出现在我们必经的阅读路径上。由此带来的结果大概就是那些我喜欢的内容并非由我决定，而是由和我“相似”的人产生的数据决定。

那些生而不同的人会因为粗糙的标签化和算法化在数字化世界中变得“相似”，进而被喂食相似的内容，以至于最终他们在真实世界的行为模式和产出内容也会产生类似的倾向。这些假设在一些社会化、群体化的运动中都多少得到了证实。

而抛开刻意操纵，对于如设计师这类创作者来说，这种数字化喂养显然也不太可能是个好事情，看看那些所谓的网红产品吧，几乎都有着整容脸。除了互相借鉴和响应趋势的因素，在灵感层面，我们需要清楚那些我们以为“偶然撞见”的灵感源泉，其实在被成千上万的同行们同时饮用。对于此，我的平衡方式比较简单，那就是多拥抱尚未被算法支配的真实世界，而不是依赖于数字世界的便利。比如我会要求我的学生们通过拍照去观察和记录灵感，以第一手资料去体会和发现真实的自己与世界。

在线上商业旺盛的今天，无论是对消费者还是商家，社交媒体成为了一个先入为主的窗口。大家对于品牌或者产品最初始的了解可能不会在实体店中，而是通过微博或者小红书上的各种广告大片或者 KOL 的推荐与科普知晓的。在 Nan Knits 品牌创立后，我们先后拍摄了《霓虹意识》《爱的未来纪元》《银河海滩》三组大片，通过这些视觉上的呈现，帮助消费者最直观地了解我们品牌的产品与形象。同时，我们希望通过

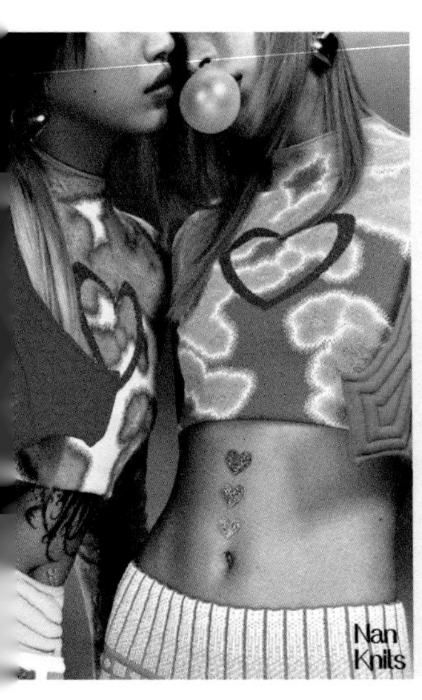

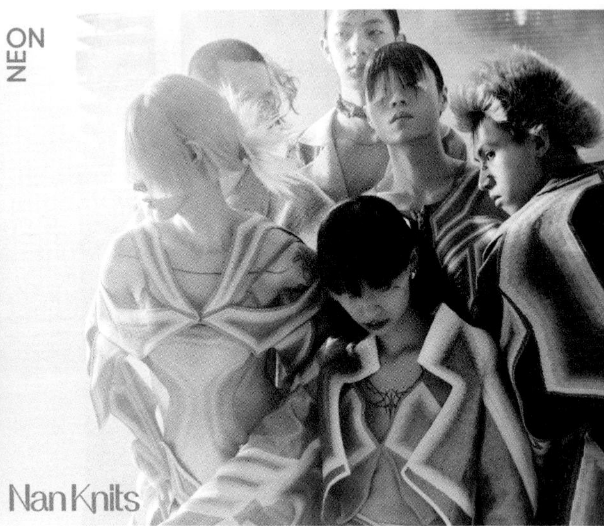

多个系列针织时装构建起 Nan Knits 的独特未来美学宇宙，将社交媒体上具有同样兴趣的消费者特别是 Z 世代的年轻消费者聚集在一起，为他们提供满足个性化需求的产品。我们还开拓性地提出了“新针织”的理念，无论是产品开发，还是风格塑造上，我们都强有力地践行了这一理念，创新地推出了诸多市场上前所未有的特色产品，与传统的针织形成了鲜明反差。并且，在服装的开发与生产过程中，我们充分发挥针织“一片成型”的巨大优势，将所需要的织片，按设计师设计好的形状织出来，避免裁剪造成的废料浪费，真正做到物尽其用。

对我来说，和社交媒体和谐共存并不容易，我用了一年来适应。刚开始的时候，肯定会被这种每天强制灌输的社交媒体弄得有点不知所措。但从最最开始，我就会觉得网络世界和现实世界是很有边界的。虽然自己经常不由自主地沉浸到社交媒体的世界，但会时刻提醒自己注意边界感。

当然换一个角度来说，社交媒体对于我们独立设计师品牌来说，确实是最便捷的传播方式；同样地，当大家在相同社交媒体平台位于同样的起点，像 RUOHAN 这样比较简单、不太喧哗的设计，确实辨识度上也好，影响力也好，就很难与一些题材稍微猎奇或廓形稍微复杂的来比较。

如何平衡，现在也还在摸索。但目前对于社交媒体，品牌会努力做一些知识类的、我们真的想传达的理念输出。很显然，产品和质感对于我们来说一直都是最重要的，所以对于实体的设计，我们还是会继续吹毛求疵下去，让在社交媒体上对品牌感兴趣的人看到实物不会失望，有更耳目一新的体验。

社交媒体的属性是极端，而非真实。一方面，社交媒体的算法会让人看到越来越多适合自己的推送，人们的圈子越来越清晰，人们会越来越觉得世界就是他自己想象的模样；另一方面，社交媒体的算法还可能导致只有少数具有话题性或极端的信息会变成

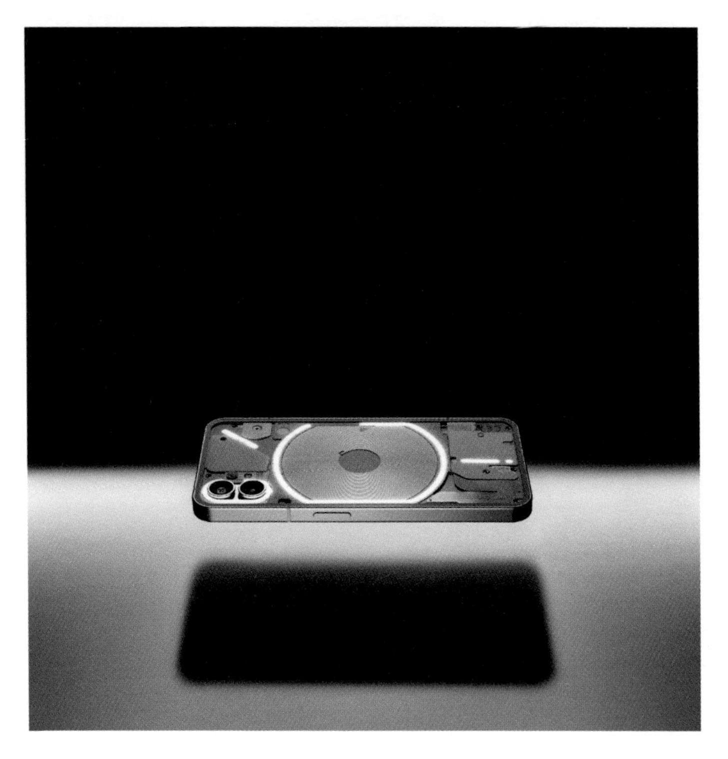

Nothing Phone (1)
发布于 2022 年 7 月

前排热议，可以被人们见到。对于设计而言，这是一把双刃剑。因为社交媒体，设计的各个方面在以前所未有的速度传播，优秀的设计可以快速被传播，但同时在算法“喜欢—继续推荐—更喜欢”的螺旋中胜出的设计也会趋于极端或极致。而设计的知识和理论也变得越来越像“段子”，真正的知识和经验因为枯燥复杂而变得难以获得。在可见的未来，这种趋势还会一直持续，如何选择，交给各位。

NOTHING

现代社交媒
对公平的曝
人们有时会
意识来面对
落地好，是平

提供一个相
环境，但使
着一种媒体
计。把设计
断的方式。

建筑、建造的
为了提供实
的感动要通
验。这无法
交媒体的图像

本来目的是
经验，精神
过身体去体
不应该被社
经验所代替。

作为一名室内设计师和视觉工作者，我会重点关注与我工作相关领域正在发生的变化。例如鹿特丹的建筑事务所 Forma fantasma 与 Prada 共同策划的项目 Prada Frames。

Anna Tsing，美国加利福尼亚大学人类学家
《末日松茸》作者、*Feral Atlas* 联合编辑

他们在一个古老的图书馆里讨论森林 / 树木与可持续发展。在这场讨论

中，不同学科的人聚集在一起，针对可持续发展这一话题，提出了不同的见解。观察自然和生态学的运作原理是创造我们所需的未来设计的根本。设计师很需要跟不同学科的专家合作，

Alexandra Daisy Ginsberg，艺术家、作家、策展人
她以探索人类、技术和自然之间关系的艺术作品而闻名

去思考如何运用不同学科的知识来做可持续的设计。

无疑，社交媒体占据了许多现代人很大一部分的生活时间，一打开手机就能接收到不同的讯息，提供了一个直接让大众贴身交流的渠道。以我们品牌为例，能随时随地看到不同性别和个性的群众诠释 Ponder.er 的图像，在启发我们的创作之余，也打开了我们跟大众互动的可能性。这些双向的沟通，让设计师更能以观众的角度去了解自己的创作，以及如何把作品植入大众的日常当中。

这对创作来讲的确带来了方便，但同样也带来了一种疲劳感，和难以过滤所有讯息的问题。由设计到推广，这些新式的媒体都创造了无限的可能和空间，令大众能透过一个小屏幕更了解品牌，就像是一个激发欲望的虚拟战场一样。但我们相信，社交媒体带给观众的视觉刺激和牵引，是不能取代设计给予的实体经验的，就像是我们标志性的衬衫款 HUG Shirt，就是寓意“让 Ponder.er 的衣服拥抱你”，这种设计和人体的互动，是在数码世界难以呈现的。

我想人人都可以感受到一种平滑感：互相点赞，来不及批评，更谈不上针锋相对，彼此没有阻碍地前行。每日一更的“频率”才是真的主角。但反过来看，也给建筑师一个机会把那些过去搬不上台面的过程呈现出来。Herzog & de Meuron 和 OMA 都曾做过大规模的设计过程展览，所以社交媒体对众多小事务所来说，也是一个比较经济的方式，但需要相对系统性地去筹划。

至于视觉图像和在场，我觉得不存在平衡，它们也不是一个镜像关系。这里有一个误会，我们容易把“逼真”当成在场的化身。图像的再现，暗含着提供一种超越实体经验的洞见，我们要警惕过度地相信所谓的“在场感”。

在平面设计行业，的确这几年类似 Pinterest、Behance、Instagram、小红书等的社交媒体通过大数据算法精准投喂各种“视觉风格”，流量叠加，快速传播，对设计从业者、委托方、设计学生等人群都产生了挺大的影响。

于我们的设计项目经验而言，这类社交媒体其实并没有太影响我们的创作概念和思维方式，它只是一个资料库，一个效率工具，是整个工作流程中辅助的环节。基于项目本身而产生的概念和想法才是根本和前置的，确定了创作锚点再去使用工具，判断筛选、转换语言。我们对于社交媒体所警惕的，其实是不加思考的工具依赖。

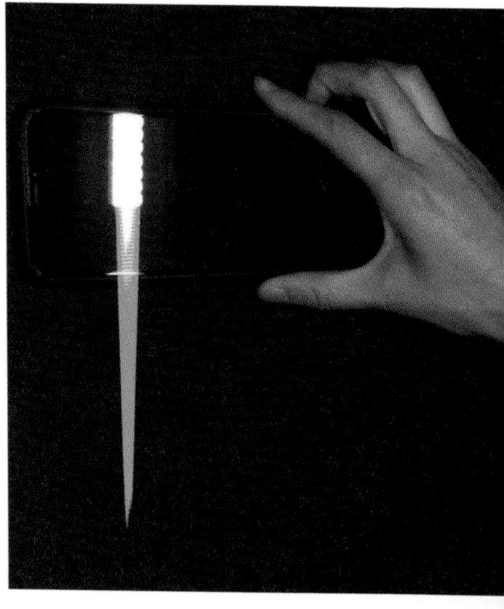

我们在设计工作中，还是比较注重作品的实体经验的。在视觉之外，材质、工艺、体量、尺度等等都是我们设计中需要仔细考量的。所有的因素相加才构成了设计作品的整体，而这份完整的感知可以通过实物传达到消费者 / 使用者，他们是设计作品的“第一观众”。通过社交媒体——不论是视频还是图像看到作品的观众，这部分感知是无法抵达他们的。当然也有另一部分的情况是产品 / 设计作品的“第一媒介”即屏幕（动态视频、网页等），那么社交媒体或者线上的观众就是我们的“第一观众”，此时在设计工作中我们会相对侧重放大视觉的感知度。

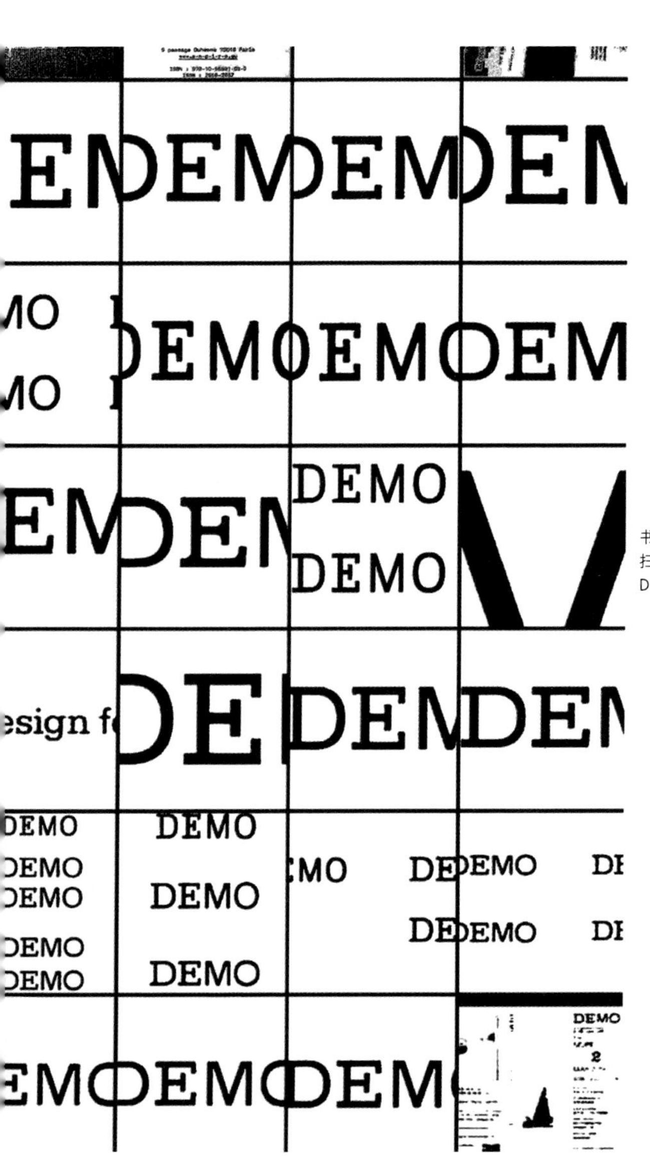

书籍封面工艺压力测试 <<<
扫描 iPhone 手机屏幕时出现的 glitch <<
DEMO 设计草稿 <

图像是创作者的工作工具，创作者也同时处理和生产图像。社交媒体的视觉图像有偶然性，以及信息获取与发现的随机性；而实体经验会通过记忆、身体、情感的反应在创作中被唤醒，唤起的时刻是随机的，更是潜意识的。两者之间会产生有趣的张力。

188

79

Messe. Théophagie. Bolsena, Botticelli. Paganisme dans l'Église. Miracle de l'hostie. Transsubstantiation. Criminel italien avant l'extrême-onction

1¹ La Chaire de saint Pierre, conservée dans le reliquaire du Bernin
IXᵉ siècle
Rome, basilique Saint-Pierre

1² *La Chaire de saint Pierre*
Revêtement en bronze
Gian Lorenzo Bernini, dit Le Bernin
1656 – 1666
Rome, basilique Saint-Pierre

2 *La Messe de Bolsène*
Raphaël
Fresque, 1512
Vatican, palais apostolique, chambre d'Héliodore

3 *Spes*
Giotto
Fresque (grisaille), vers 1305
Padoue, chapelle des Scrovegni

4 *La Dernière Communion de saint Jérôme*
Sandro Botticelli
1495 – 1500
New York, Metropolitan Museum of Art

5 Seppuku
In Antoine Roux de La Mazelière, *Essai sur l'histoire du Japon*, Paris, 1899

6 «Châtiments et exécutions»
In Philipp Franz von Siebold, *Nippon. Archiv zur Beschreibung von Japan*, 2ᵉ éd., vol. 1, Würzburg/Leipzig, 1897

7 Procession eucharistique
Rome, place Saint-Pierre, le 25 juillet 1929
Photographies de l'agence L. U. C. E à Rome*
Londres, The Warburg Institute
* sauf indication contraire

7¹ La procession

7² Le pape Pie XI (au centre)

7³ La garde suisse

7⁴ La foule sur la place Saint-Pierre
Agence Fotografia Pontificia G. Felici, Rome

7⁵ Messe pontificale à la basilique Saint-Pierre

7⁶ Défilé

8 Extraits de Camillo Viviani, *L'Esercito Pontificio in alta uniforme negli ultimi anni prima del 1870 [...]*, Bergame, 1918

8¹ Feuille de titre, largement cachée par 8²

8² Planche IV, voiture de munitions

9 *Profanation de l'hostie à Sternberg en 1492*
Matthäus Brandis
Xylographie, Lübeck, 1492
In *Jüdisches Lexikon. Ein enzyklopädisches Handbuch des jüdischen Wissens in vier Bänden*, vol. 2, Berlin, 1928, article «profanation de l'hostie»

10 *Profanation de l'hostie*
À gauche : usuriers juifs s'emparant d'une hostie; à droite : juifs transperçant l'hostie et la mettant à cuire
Xylographie extraite de *Rappresentazione d'un Miracolo del Corpo di Gesù*, Florence, vers 1498

11 Gustav Stresemann signant le protocole final des accords de Locarno
Coupure de presse du journal berlinois *Tempo*, 2ᵉ année, nº 204, édition du matin du 3 septembre 1929, première page

12 Supplément illustré du *Hamburger Fremdenblatt*, nº 208, édition du soir du 29 juillet 1929, p. 9

13 Supplément illustré du *Hamburger Fremdenblatt*, nº 209, édition du soir du 30 juillet 1929, p. 9

14 Accident ferroviaire près de Düren : un mourant reçoit les derniers sacrements
Coupure de presse du *Hamburger Mittags-Blatt*, 33ᵉ année, nº 199, du 27 août 1929, p. 1

The Mnemosyne Atlas，Aby Warburg

工作室工作墙

Landschaft als Wunderkammer，Guenther Vogt

在设计过程初期，我们往往会刻意回避社交媒体过量图片讯息带来的干扰，工作室的设计实践更习惯于从材料和工艺出发，视觉的呈现自然地依附于实体的质地属性。例如在研发 Plait 的过程中，我们利用了玻璃材料的特质，提炼光线，在灯具外壁上投射出令人熟悉又意外的竹编纹，让玻璃灯与竹笼灯这两种在视觉、功能、历史上都截然

不同的材料，在按下开关的瞬间于光影中汇合。原研哉讨论过“信息建筑”的概念，即人脑中生成的图像是通过多个感觉刺激和重生的记忆复合的景象。我们会将外部感官刺激及内部记忆作为建筑材料，在脑中整合起来，构成我们脑中的“建筑”。在 Plait 构建信息建筑的过程中，借由光唤起的竹笼和烛光的印象记忆来构建温馨感，试图在使用者的脑中植入充满张力的“光的温度”。

此外，相较于社交媒体的视觉图像经验带来的偏见和误解，我们呼吁使用者能从触感、体感等多感官角度去综合了解作品。例如在树架系列的表面处理设计中，平滑和起伏明显的木纹在同一表面上相互交错。这看似手工雕刻的表面实际来自古建筑修复中用于仿古木制作的喷砂工艺。实木材质的肌理在同一平面不同维度中的体现，

这也是木皮贴皮的方式不能代替的。我们尝试了不同木种仿古效果，展现出的完全不同的木纹肌理让我们不由惊叹自然的鬼斧神工。

在社交媒体图片视频大量入侵日常生活的今天，“记录” 成为更加平民化的东西，这同时也标志着“记录”不再被媒体把持。对设计师来说，最直接的体现就在于大量的“产

quanquan 台灯返图，更强调与空间的搭配，产品作为空间的一部分
摄影：cuicui 造型：zhayin

品返图” 成为设计的一部分，并作为设计的延续。产品的最终视觉呈现也成为了左右购买的一大因素，studiososlow 一直在呈现符合产品设计意图、符合工作室设计哲学的视觉图片，希望能更加丰富产品在各个方面的维度，而不只局限于像是“产品返图”的千篇一律的“好卖”的产品的样子。

studiososlow quanquan 台灯
主视觉其一，想要提示日常中的
一丝诙谐与非日常
摄影：vallylee

在创作方法
我们影响不大
仍优先努力
经验，毕竟建
验得建立在

社交媒体对
我们的设计
现好的实体
筑的终极体
体经验之上。

图像是很重要，也可能不是重要的。我们很希望自己的项目可以呈现出独特的图像感，仅作为一种幸运的结果而不是前提。

社交媒体上大量的图像其实不是问题，因为它们提供了检索便利；倒是强迫症般的展示和以展示为最终目的的模式让人不安。

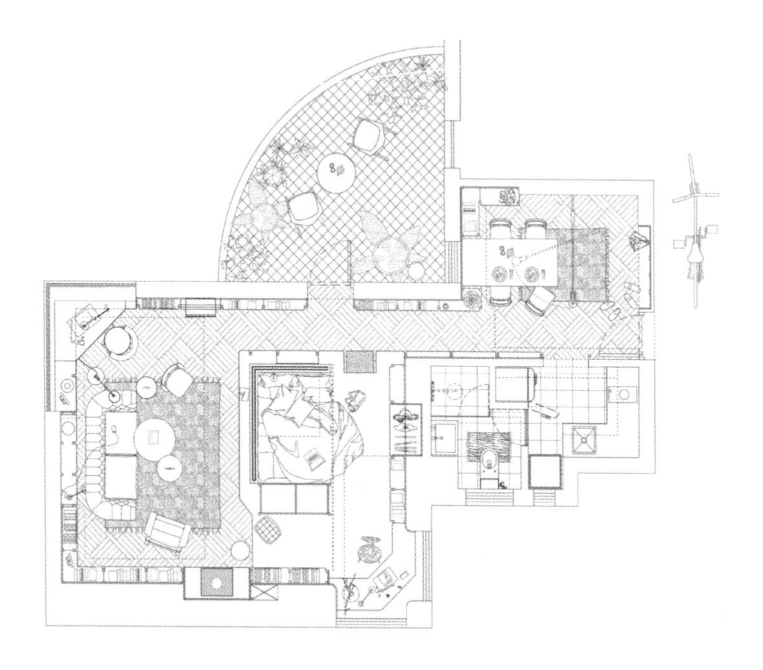

在图像中，只有往里看，看向自己的目光。风、空气、光线、木头的味道、材料的触觉感知和生活的痕迹都被抹去了。

我们做很多的空间设计，但不喜欢定向角度内视的目光。在我们的工作台上，长年放着一张麦绥莱勒的木刻画：一个男人站在室内的背影，看着窗外；我还收集了很多同一主题的画片：rooms with a view，有窗景的室内，向外看。如果空间没有跟外界的联系，就无法逗留，也不可能有栖居。

一个人的房间不是干巴巴的设计平面图 @ 西涛设计工作室 <
一个人的房间与窗 ∧
摄影：Wen Studio

因为社交媒体的传播，如今设计更加注重视觉体验，较少注重现实体验，更少注重真实社会影响。这催使建筑师注意短暂美丽的视觉设计，或摄人心魄的空间体验，而非长久底层的真实改变。

我们的考虑是如何兼具以上两者，如何利用视觉传播吸引人来真实体验，如何利用视觉传播实现真实社会更多的改变。

社交厂 - 南侧

不得不承认，在社交媒体的影响下，为了获得更多的媒体关注，在创作中适当地加入有话题的（有热度的）设计点是有必要的。我会在设计一个系列的过程中就将产品区分为“秀款”和“商业款”。秀款，顾名思义就是会参与时装发布会的款式，它们会更

夸张、更突出系列主题，无论是给现场观众看或是拍照后发社交媒体，都是一个很好的凸显品牌风格的方式；当然这也意味着秀款是更不实穿的服装。同样，我会使用与秀款同样的面料来产出一些款式相对实用的商业款式，这样既可以保留该系列的风格，也可以满足商业需求。

我觉得首先人类进入到一个数字化的时代，这是人类的进步，而视觉的这部分只是它的一个环节而已。它就像人类从智人进入到采集社会，农业社会进入到工业社会一样，它其实是数字时代刚刚向人类徐徐展开的这么一个阶段，所以在这个阶段我觉得不管有什么样的新技术，它最本质的规律是从来没有变的。设计的思维方式并不会停留在任何一个时代或者一个技术上，它的使命就是要在每一个时代，在不仅仅是当下的技术，甚至它的价值系统、哲学系统、人们的生存规律之下，去寻找和解决当时当下最有价值的那些问题。

所以这些社交媒体视觉，包括数字工作的本质是没有改变的，就如同设计的本质没有改变，它只不过改变了传播的速率和方式，而本质传播的意义和价值并没有变化，它改变了人们对于信息接收的数量和理解的深度，可能会碎片化；但我觉得它是双面的，有很多东西的确是很浅且碎片化的，但也有很多东西能够让人很容易且很深入地去搜索到。当然，从相对狭义的创作本身来看，我们需要明白数字时代在未来发展的轨迹改变了人们的生存方式梦想和理想，而并不是社交媒体改变了这一切。这种改变体现在人们生活里是进一步解放人类身体支配下的劳动力，人会把更多的时间放在精神的追求上，会比任何的时代更加需要精神层面的丰富、深度以及真正意义上的生活方式。同时，超海量的没有边界、没有国界的信息的传递，让人类逐渐形成一个相对趋同的大的审美趋势，而数字生活的介入也会影响到现实世界里面产品颜色以及风格的审美趋势。

信息大爆炸的今天，无数碎片化的信息在社交媒体中铺天盖地而来，我们被动式地被推到了这些信息面前。我们甚至被“垂直化”的信息局限，在相似的信息填塞下，我感知到更多类似与重复的创作思维出现。例如在相似的关键词的搜索下，大家以相似的调研内容出发，提取着同样的元素，出现的是更加“快餐化”和“早熟式”的创作线路，我们的想象力某种程度上在衰竭。搜集信息变得更便捷、更高速，有时候太快抵达关键词，反而失去了再从枝节里深入的可能性和探索欲，因为得到得太快也太容易。

在图书馆里翻阅书籍资料会绕的弯路是美的，“村间小路”相较于“高速公路”味道更独特，创作时，我常常从个人经验或个人情感出发，感知的触角会带着我创作，社交媒体的视觉图像是一面前所未有的更大的镜子，填充着群体的情绪与时代向前变化的映射，这个“社区”住着更远的和更庞大的人群，这个人群中的每一个人的每一次呼吸，都牵动着社区的每一次全面更新。我们承受了社交媒体前更多的情绪和共情，中心与永不消逝的边缘似乎被放得更大，其间的距离和错觉填充了方法，少被赋予什么。

我的设计与创作在社交媒体的图像中被展示，以新的传播媒介传播——一些实体中不可替代的体验与经验缺席，如果通过图像中的不同侧面去尽力弥补，在传播中可能会被更严重地误读和变形。但这也是有趣的，碎片化但高效，同质化但平等。个人化及其情感从图像传播上的规则角度看是殊途同归的，对我来说这是一个自由又不太自由的新世界。

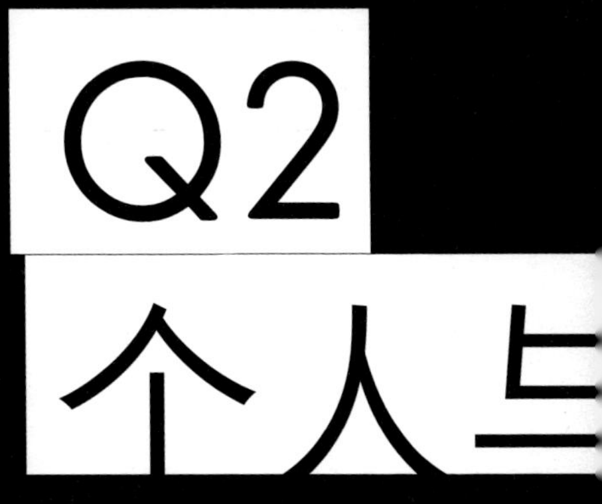

你如何面对与处理个人风格化与公共普适性这
股力量?

即：一端是“我”的设计作品，另一端是使用
计的“他者”。

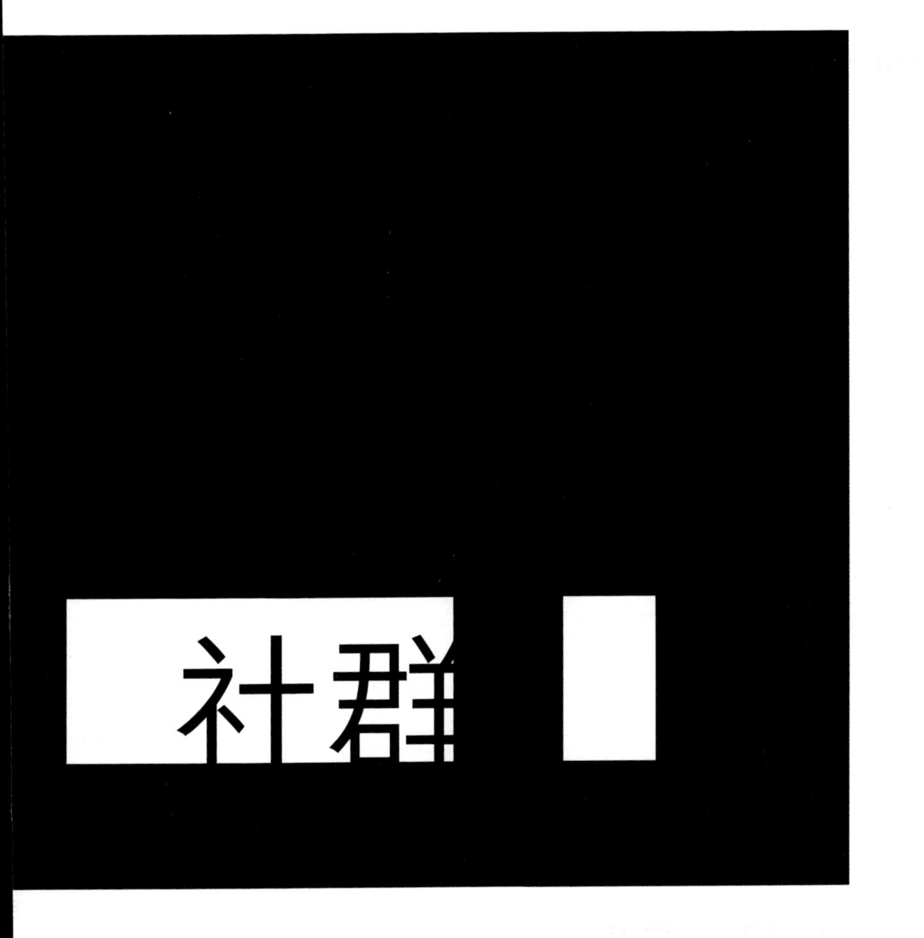
社群

李晓东：

我是反对个人风

身份认同应该是

自己的责任，应

筑本身的身份认

清楚，而不是

身份认同。

靳远：我觉得（这）就好像土壤与植物的关系，兴趣点若能放在养土上，那么对于每株植物的修剪则心态放松些，甚至可以由着其性子长，由此便不再将其视作两股抉择的力量。

NAN KNITS:

个性与理性、小众与大众中的摇摆和取舍是我们创作时的常态。对于我来说，我试图在这个过程中找到平衡，在个人风格和公共普适中找到一个交集的。
筑师
把建
打造
师的

OPEN 建筑事务所：
我们更感兴趣的是寻找和表达每一个建筑项目所需要的那种特定的气质、感觉、氛围和精神……它既不是简单的个人风格化，又不是简单的公共普适性。

Nothing：
在工业技术和物流越来越发达的今天，普适的大众市场已经被巨头们瓜分殆尽，风格化越来越凸显出其价值。

STUDIO DPi：
设计师的创作需要回应公共情绪，再去思考如何附着“个人风格”，其实就是如何在更敏锐的层面上去表达差异性。换句话说，就是以独立思考去连接更多的观众。

卜佳新：
在前面。
是：任何
人会自主
空间安排
的使用方

Studio KAE：
个人风格化和公共普适性有时候能在特定的领域中找到平衡。

西涛设计工作室：
过去和现在是叠加在一起的，个人化和普适性也分离不开。

AIM 恺慕建筑设计：
个人风格化与公共普适性——主观的和客观的——并不能真正分开……也许我应该说“不能分开”。

陈旻：
个体形成自己的创作语言
是一个长期的过程，
而这一过程常常因为对公众普适性的考量而作出调整和改变，并且不断进化。

会把“我想要”放

近觉得理想化的

积出现在环境中，

根据自己的喜好和

给物品找到属于它

。

Atelier V&F：
我们建立的两条线，CHEN FURONG OFFICE 作为更具设计思维的输出，可以面对更强的公共普适性……Atelier V&F 则是更加以自由的艺术创作动机为导向的一个工作室。这样能让我们更好地平衡我们平时的思考与创作。

李希米：设计师首先应当明确作品的受众是谁。不同的受众对于设计的诉求也不尽相同

裸筑更新建筑设计
所：带着“解决问题
方法做设计，
会形成个人的风格
性，但这个方法的结
是公共普适性的。

Order Studio：

我一直坚持“探究自然、社会、人之间的关系”来平衡环境与使用者的关联。

Louis Shengtao Chen：
我觉得我的“武器”本身应该在一种最纯粹的自我表达与呈现中。

Ming Design Studio：
我们认为个人风格与公共普适性不冲突……我们基本都是基于真实的背景去创作，这点也渐渐融入我们的风格。

建筑营设计工作室：

长久来看，在不断的与“公共”的接触中，找到自我更重要。拥有自我的能量，才能持续性地热爱并坚持做下去。

务

的

Moi Design Studio：解决问题的关键并不在于接受对自我的改造和牺牲，而是要建立对于他人的理解和包容。

属

果，

ONOAA STUDIO 建筑室内设计事务所：与场地拥有者进行链接，让空间背后有它诞生的因果。我们会用我们的工作方式，分析、理解与尊重每一个空间使用者对空间的想象。

Chaos Programme：
我们强调设计的多样性而并不追求个人风格化……

聂若涵：
我们会在设计之初就考虑舒适度和实穿性，但也会保有一些些作为“设计师”的倔强。

刘珩：

对我而言个人风格和公共普适性并不对立，但个人风格不凌驾于公共普适性之上也是我们基本的设计价值观。

Ponder.er：

我们的产品风格是有挑战性的。但我们认为这些“问号”和非常规的产品，可以融入到许多使用者的生活当中。我们希望这些所谓的挑战，能让他们更了解自己的喜好，更自由地表达自己，透过创作，给予大众“人性化”的力量。

方书君工作室：
个人与公共之间，并非此消彼长和需要取舍平衡的关系。借用北野武的话，“灾难并不是死了两万人这样一件事，而是死了一个人这件事，发生了两万次”。

水雁飞：
我觉得重要的是大家要在问题上、症结上找到共识，而解决之道，就是八仙过海各显神通。

众建筑：
我们在意的是处理更加前沿的问题、更加棘手的难题，并提出创新的解决方案。

钟梓欣：
在产品的功能上作出区分。

studios
设计者
作室并
因为创
审视时
这件物
创作者

土上工作室：
对于“他们（使用者）”这个概念，“我”就是“他们”中的一分子，我没法将“我”从“他们”中剥离出来。

周宸宸：

设计一定是两个主体的事情，所以里面不应该存在妥协。

w：始终认为，
使用者间不存在平衡性……工
有在这中间进行抉择或取舍。
者在创作出一件物品并由他人

本身的解释权也就不全部归于

022397：

我的设计服务于公众群体，同时我所选择的“他们”，也是以对我的“人性化”标准和流动的价值观念思考在与我适配。

我们喜欢差别！
我们喜欢原始和精致、个人和公共的对比，我们不会在风格上回避。
我们相信今天的世界是“两者并存”，而不是“非此即彼”。个人风格化与公共普适性——主观的和客观的——并不能真正分开……也许我应该说“不能分开”。
我们既是设计师又是观众，所以我们寻求、创造出能打动我们的设计。我们的观点始终是既有诗意，又有功能，并希望有长久的可持续性。

In the PARK 上海延平路

我们一直避免为了追求风格而风格化，因为过多拼凑不同的风格而导致概念变得模糊乏味。我们寻求最强大的想法并使其枝繁叶茂，让一个项目潜力最强的概念生出果子。风格只是这些想法的结果。我想我们最好的作品更多的是利用冲突和差别而不是妥协。

所以坦率地说，我们不相信客观的存在。
我们不考虑公众可能会怎么想，我们只是试图为人们提供强大的舞台来进行互动。我相信对于那些遵循自己的信念、为世界成为一个更加丰富多彩和鼓舞人心的地方做出贡献的设计师和建筑师，会有很多回报。

3ge3 project
MACKINTOSH
FUMITO GANRYU
XANDER ZHOU
penultimate
BLESS
Ms MIN XIAN SHENG
SMAN
VEJAS
SITUATIONIST
STUDIO NICHOLSON
klee klee
WHM
MotivMfg

© In the PARK

CHEN FURONG OFFICE
为上海时装展会 OntimeShow 设计的陈列系统
The Wavy Table

我们建立的两条线，CHEN FURONG OFFICE 作为更具设计思维的输出，可以具有更强的公共普适性；还有我早期创立的灯具品牌，也是主要以使用者角度与体验为主导的一个品牌。然后我们这几年开辟的 Atelier V&F，则是以更加自由的艺术创作动机为导向的一个工作室。这样能让我们更好地平衡我们平时的思考与创作。

我会把“我想要”放在前面。最近觉得理想化的是：任何体积出现在环境中，人会自主地根据自己的喜好和空间安排，给物品找到属于它的使用方式，比如：在森林里捡到一段很漂亮的木桩，有的人可能会拿来坐，也有人可能会拿来摆放东西。有时候可能也不需要“平衡”，美的东西负责美就好了。

我们强调设计的多样性而并不追求个人风格化，从使用者的角度去开始一个项目。除了现代的设计语言其他都不受限。

SHUSHU/TONG 概念旗舰店，摄影：朱迪 ZhuDi @ SHADØO PLAY

相比设计中的“风格”一说，我更提倡设计的“语言”。风格是封闭的，而语言是开放的系统，兼容并包且与时俱进。个体形成自己的创作语言是一个长期的过程，而这一

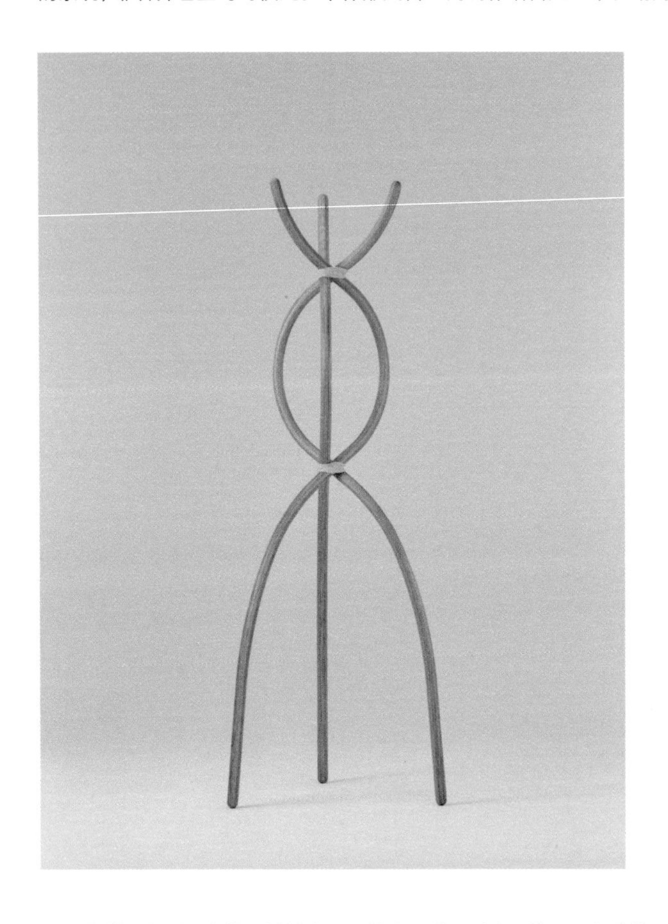

陈旻作品“立体书法”系列之 東

过程常常因为对公众普适性的考量而作出调整和改变，并且不断进化。我本身是学工业设计的，所以作品一直都和他者的“使用”息息相关，我乐于拥抱并保持这个特点。从一定层面来讲，“人性化”的设计也意味着这一作品拥有历久弥新的生命力，会比较环保。

个人与公共并不矛

就是寻找两者的共

而做，当然必须做

了解并满足各种需

基本能力，也是一

在不断的与“公共

我更重要。拥有自

续地热爱并坚持做

，设计工作其实

。空间设计为人

使用者的声音，

，这是设计师的

责任。长久来看，

接触中，找到自

的能量，才能持

去。

李博几年前跟我讨论过“project”这个观念，即超越了项目个体的、带有连续性的创作思考，我觉得就好像土壤与植物的关系，兴趣点若能放在养土上，那么对于每株植物的修剪则心态放松些，甚至可以由着其性子长，由此便不再将其视作两股抉择的力量。

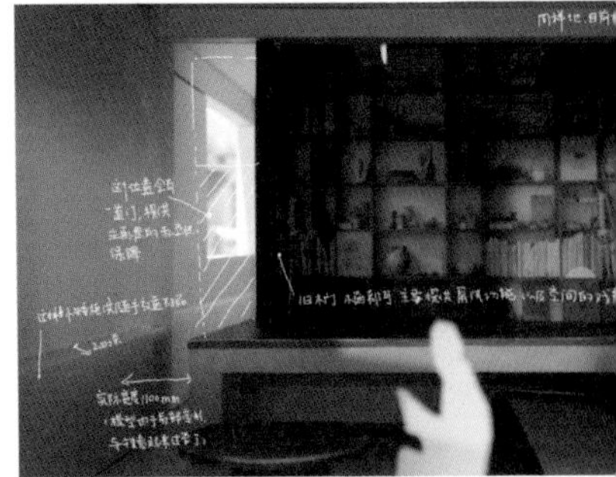

老宅拆除之前留影

项目伊始，业主兰姐自己对房子有一些筹划，这种筹划完全来自对生活的理解。我们的工作与其说是创造，不如说是对这种原始筹划的批判性重组。

摄影：多重建筑 陈利

草模照片与注释，注释：多重建筑 王思虹 ∧

兰姐和明哥来工作室看草模 >

我一直特别反对所谓的个人风格。20 世纪所有的建筑师都在谈“风格”，因为每个建筑师都在试图通过风格打造个人的身份认同。在建筑设计里，甲方与客户通过这个认

知、这个建筑师的风格，来寻找建筑师为他们做设计，但是风格派的事儿已经是上个世纪的事儿了。20 世纪是建筑语言繁盛的时期，这是有必要的一个过程，但 21 世纪已经是另外一种状态了，我们没有更多的这种奢侈的资源去浪费在个人风格上面，所以我是反对个人风格的。身份认同应该是建筑师自己的责任，应该把建筑本身的身份认同打造清楚，而不是建筑师的身份认同。

设计师首先应当明确作品的受众是谁。不同的受众对于设计的诉求也不尽相同——或出于艺术审美价值，或出于实用性追求，因此创作前需要有清晰准确的预判，以评估创作自由的尺度。

有些受众可能具有先锋性与艺术性，对于多元、跨界等新鲜事物持有更为开放包容的

态度，面对这样的受众时，设计师的创作空间也会相应扩大；同时也存在更倾向于传统克制的群体，对于事物的接受度有明确的界限，那么设计师的创作也需要与其需求相适配。

设计是一个需要注入创造力、敏锐感知力的表达路径，同时它也具备科学与理性，需要设计师在各方面有清晰的判断，面对不同群体需求，使设计手法的尺度收放自如，不断探索分寸感与自由度之间的关系。

Monochrome，摄影：张奇敏 ≪
Monochrome，摄影：张天笠 ＜

我其实并不认为个人风格与公共普适性这两股力量之间的平衡是一个问题。在我们的印象中，扎哈·哈迪德或弗兰克·盖里属于个性非常鲜明的建筑师，而我认为自己的建筑作品则是由方法论和具体性导向的设计。

我们的作品强调因地制宜，通过设计去回应场地的特殊性以及空间功能的更多可能性。这是一种适应性的回应，这种回应有时候可能会是一个很大的创新，但有时候也

深圳荷水文化基地：洪湖公园水质净化厂上部景观设计

洪湖公园水质净化厂建设伊始就需面对多方诉求和质疑，而全地下净水设施原本“去工业化”的技术初衷，也带来许多的特殊设计挑战。最终我们将无法消隐的工程技术元素和公园景观相融合，使其成为城市环境中新的“显性”存在，超越工程逻辑，创造出一个社区友好的、有别于传统的新型公共场所，兼具空间美学、复合功能、公共教育性和多层次的体验感。

风井与滨水汀步 © 张超

可能非常平实，也许从外观上来说不一定带有强烈的个人色彩，但我们的方法论和具体性会成为独具风格和延续性的设计思路。

所以，对我而言，个人风格和公共普适性并不对立，但个人风格不凌驾于公共普适性之上也是我们基本的设计价值观。这两者应该能够相互融合——这并不是设计的出发点，而是能够通过设计达到的结果。

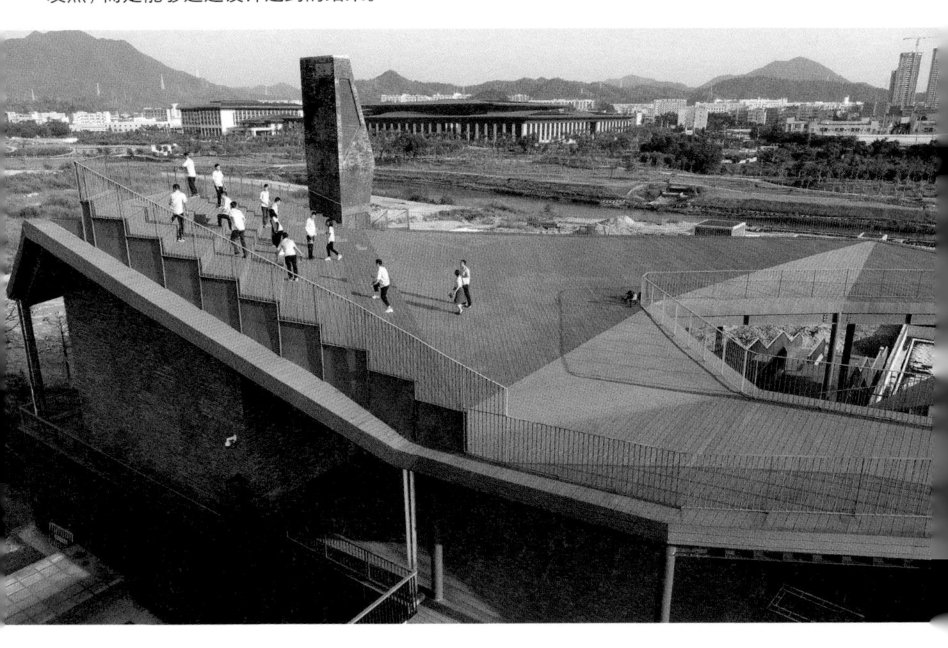

坪山阳台：深圳坪山河南布净水站上部建筑

以设计介入坪山河一座工程学意义上的水基础设施，使之成为一个既是功能性建筑，又具有地域气候特点的巨构公共空间。让一个日常生活中无法缺席的工程净水生产设施，成为城市中一个良好的、带有仪式感的公共体验和教育场所，重新赋予基础设施在精神和景观／建筑美学两个维度的意义。

从屋顶眺望城市 © 陈永裕

其实在我的设计语言里，这两方面的影响是很小的。因为本身我打造的包括 Louis Shengtao Chen 在内的品牌设计语言，是模糊了文化、民族、信仰这些元素的，更多是重视我自己本身的性格、情感与情绪——这些所谓很个人化的、关于自身、所想所爱的情绪，所以在这方面我可能没有那么多切实的、直接的体会。

我不太想凸显社群文化作为一种设计语言，因为我不希望它成为我服装设计灵感来源的“武器”。我觉得我的“武器”本身应该在一种最纯粹的自我表达与呈现中。

我始终认为个人风格与公共普适绝不是对立存在。无论个人性还是公共性，都有一处共性，叫做“解决问题”。我们所处的真实世界，是由千千万万的问题所组成的。而设计最大的价值，是分析问题、解决问题、得到结果的一整个过程。

因此，“解决问题”自然而然成为了裸筑的设计方法论，这就是裸筑的设计风格。风格并不是视觉经验，而是物理经验、社会经验。

带着解决问题的方法做设计，会形成个人的风格属性，但这个方法的结果，是公共普适性的。而普适性的本质，是以人为基准而展开的。

我们认为个人风格与公共普适性不冲突，我们都有着自己的想法与愿景，同时在设计案开启时，我们会仔细思考其定位，以及它会影响什么样的人群，即便是试验性作品，我们也希望它可以在未来以一定的可能落地。我们也会在创作或设计构想时问自己一个问题：作为设计师我们的责任是什么，为什么我们会这样设计，我们是否真的能够通过设计来丰富人们的生活或让他们感受到“幸福”，我们的设计究竟是现象还是本质。所以我们基本都是基于真实的背景去创作，这点也渐渐融入我们的风格。

个人风格和公共普适性之间并没有不可调节的矛盾，矛盾通常出现于内心的取舍，那就是为了实现公共普适性的目标，我愿意在个人风格的层面“让渡”多少。而解决问题的关键并不在于接受对自我的改造和牺牲，而是要建立对于他人的理解和包容。

我之前的教育和工作背景是交互设计和用户体验设计相关，所以对我而言，对人性化的关注是时刻伴随着创作的。而离开用户体验设计行业恰恰也是因为自己对于行业现状的感受，那就是作为集体创作者，当我们过多关注用户画像这一群体标签时，我们必然会忽略用户作为个体的存在，或者说在大众和公共面前，我们默认某些个体是可以被淡化甚至牺牲的，在这样的背景下，所谓的“人性化”其实从某种程度上来说也就缺失了人性。相反，作为个体创作者，这类被忽略的人性反而有可能会被珍视和特殊对待，因为不再有强制性的商业利益和群体利益的枷锁。这种个人风格，绝不是人性化的敌人，相反，是一种难得的补充。

在创作过程中，绝大多数的情况下都是设计师“个性”主导整个项目的发展。当然，客观分析市场环境，清晰定位群体，了解消费者的实用需求和实穿场景也是我们需要去理性对待的。个性与理性、小众与大众之间的摇摆和取舍是我们创作时的常态。对于我来说，我试图在这个过程中找到平衡，在个人风格和公共普适中找到一个交集。

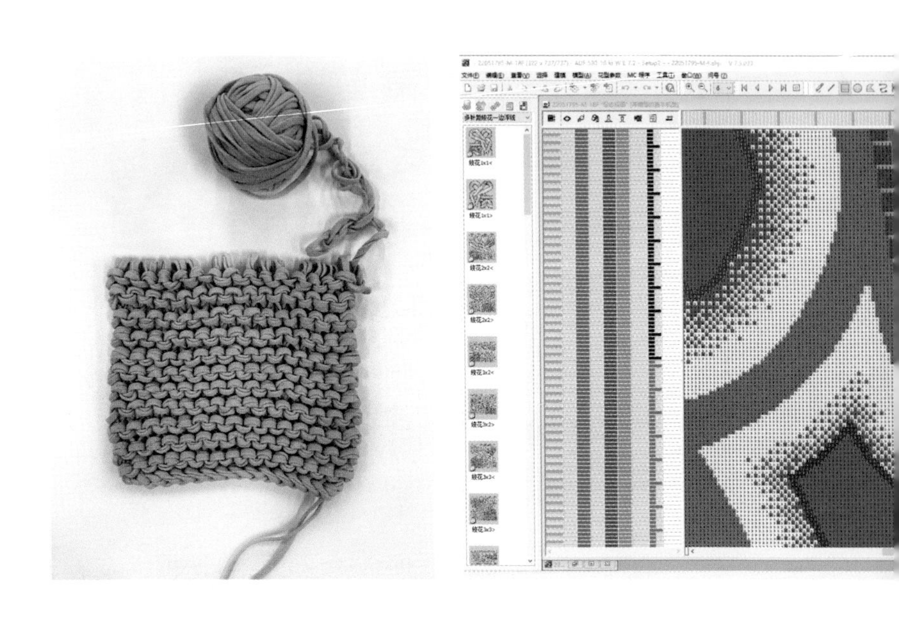

当然，在未来，我愿意做更大胆的尝试，或许技术成熟的情况下，能用一个模式让使用者参与到设计中来。我认为针织工艺巨大的灵活性能实现这一设想，针织是线圈结构，绕线成圈、组织成面是针织的基本逻辑。每个线圈如同乐高积木搭建成一个整体，整体又可被拆解回归到基本单位：线圈。现代针织将这种逻辑与电脑、精密的纺织机器相结合，将线圈的逻辑数据化，再用像素的形式在电脑上视觉呈现出来。同时，“全成型”技术的发展让针织成为了未来工艺，一件针织的生产犹如 3D 打印，不需要任何缝合，节省了人工，极大提升了效率。根据这个逻辑，英国一家叫 Unmade 的公司就曾提出这样一个模型：或许有这样一个软件，能让消费者在手机端通过手指在屏幕上画出图案，并输入自己的量体数据，将这些信息经由电脑传输给另一头的工厂端，经由电脑处理后，电脑横机自动生产生成定制化的毛衫，再通过物流寄到消费者的手中，形成一个自动化程度极高的闭环。我认为，或许技术的发展能够改变与重新定义设计师与使用者之间的关系。

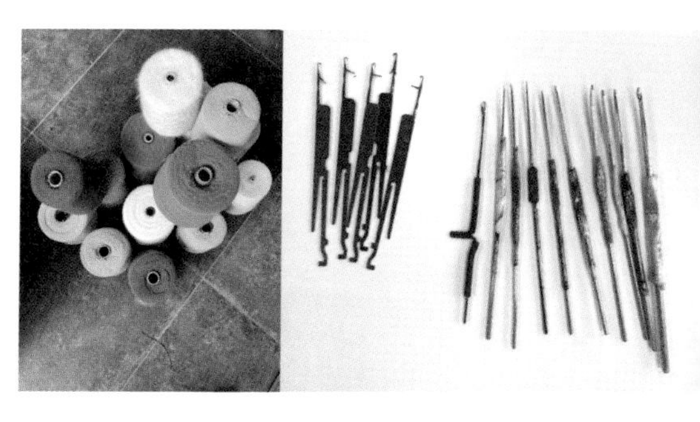

针织的基本线圈结构 <<
Nan 在电脑中运用软件绘制的针织图样 <
设计师 Nan 在实践中会使用到的织针与钩针 ︽
针织横机可以将纱线自动编织成织物 ∧

首先我觉得很幸运，这个在 RUOHAN 品牌算是很小的问题，因为我们在设计的时候就会考虑到舒适度和实穿性；但也经常会有裤子太长、裙子拖地等反馈。我一般会回复说，这是我们想要的慵懒风格，哈哈哈。

因为确实对大众来说，大家对于长裤的理解还停留在到脚踝的长度，对于拖地的款式会觉得不太方便，容易脏等等。但我觉得这算是作为“设计师”的倔强吧。

工业设计（产品）领域，因为其产业属性，会有很强的普适性和商业性。产品卖得足够多，公司才能盈利生存。但设计还是会不停地在风格化与普适性的大众设计两者

之间平衡。在工业技术和物流越来越发达的今天，普适的大众市场已经被巨头们瓜分殆尽，风格化越来越凸显出其价值。现在的用户被普适产品教育得疲惫了，用户对多元的风格化变得更包容。做设计的思路从讨好用户获得销量，转变为做自己然后吸引来用户也是不错的选择。

Nothing Ear (Stick) 发布于 2022 年 10 月

公共普适性会在功能上启发我们，我们设计不仅是有某种我们个人的风格，也是与场地拥有者进行链接，让空间背后有它诞生的因果。取得平衡，需要看“使用者”是谁。我们会用我们的工作方式，分析、理解与尊重每一个空间使用者对空间的想象。

图为 ONOAA STUDIO 为 canUHUB 设计的可持续时尚平台的展厅，空间大部分留给“使用者”，拓展空间未来的可塑性，也回应“可持续”所具备的千万种维度。

摄影 : Sicong Sui

我们更感兴趣的是寻找和表达每一个特定建筑项目所需要的那种特定的气质、感觉、氛围

摄影：Jonathan Leijonhufvud

和精神，这来自对它所处的自然环境、适用人群、社会环境、经济状况等一系列主观与客观问题的分析理解，它既不是简单的个人风格化，又不是简单的公共普适性。

我一直坚持“探究
的关系”来平衡环
比如，我们在北方
者初期对空间有很
项目地处一片开阔
形成了最好的装饰
持化繁为简，让使
多的互动。

然、社会、人之间
与使用者的关联。
]一个项目，使用
多繁复的需求，但
的森林，自然光线
吾言，所以我们坚
者与自然产生更

这绝对是我们 Ponder.er 一直以来在探索的主题之一。我们每一季的作品，都在探索性别与服装之间的关系，寻找液化男装的可能性以及挑战大众对中性服装的理解和定义。从商业的角度来讲，我们的产品是有挑战性的，我们也希望能透过创作，让更多人对性别定型的主题提出疑问。这种引导性的尝试，许多人会觉得跟公共普适性是相对的。但我们认为这些“问号”和非常规的产品，可以融入到许多使用者的生活当中。我们希望这些所谓的挑战，能让他们更了解自己的喜好，更自由地表达自己，透过创作，给予大众“人性化”的力量。

听上去是要设计师
厨房”，这个没法
而定，各个击破。
家要在问题上、症
解决之道，就是八

上得厅堂，下得
来说，需因情况
觉得重要的是大
上找到共识，而
过海，各显神通。

其实平面设计行业，可以算是个服务型行业，设计师不是艺术家，设计师的创作多多少少都是具备公共普适性的。就我们的角度来说，

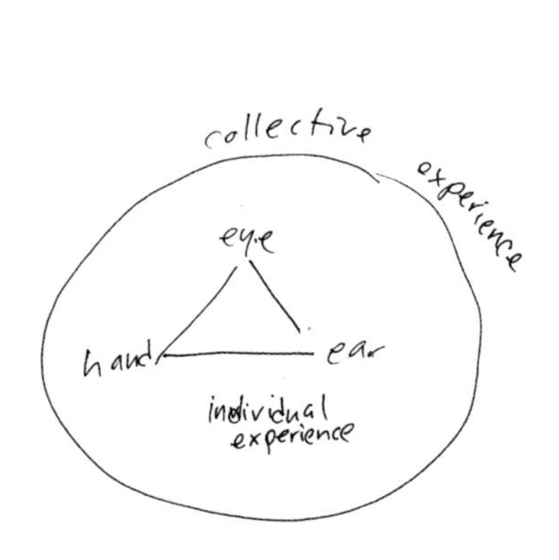

更像是先处理“他们”的问题，不管是品牌委托方、产品的使用者，还是更宏观角度上的公共社群，去考虑他们的基础诉求，回应他们的公共情绪；再去思考如何附着上所谓的“个人

风格”，其实就是如何在更敏锐的层面上去表达差异性。换句话说，就是以独立思考去连接更多的观众。

个体经验与集体经验 <<
紧急·击破点，摄于上海虹桥机场摆渡车，2021 年初 <
思考“正在思考的日常”，Re-Thinking, Re-Touching, Re-Composing ∧

北野武有一段关于
我们："灾难并不
一件事，而是死了
生了两万次。"这
（personal）与公
两者并非此消彼长
关系。

灾难的描述很打动
死了两万人这样
一个人这件事，发
好地解释了个人
（public）的关系，
间需要取舍平衡的

个人风格化和公共普适性有时候能在特定的领域中找到平衡。Coffire灯具项目中，我们把这两者的平衡落脚在了可持续设计上。看似每个纹理都独一无二的个性化灯具，为解决咖啡渣浪费提供一种在地方案：将咖啡渣作为低温熏烧（着色工艺来源于坑烧技术）的主要原材料。在600 ~ 800℃的瓷土烧制过程中，表面的咖啡渣会释放出

生物油脂和糖。在温度、湿度、咖啡渣浓度等诸多变量的影响下，这两种物质之间的相互作用会在灯具表面呈现出粉红色的随机纹理，这是其他颜色釉都无法实现的奇妙效果。

studiososlow 始终认为，设计者与使用者间不存在平衡性，即设计师想要表达的与使用者所需求的可以是不同的东西：如工作室在设计时，有比较完整自洽的设计逻辑，同时也会发现在当今视觉当道的时代，使用者更多地从外观出发，产品作为“生活方式”的一部分，其背后的设计理念很少被提及。工作室并没有在这中间进行抉择或取

Arcadelight 落地灯以古希腊建筑中的拱门作为造型灵感，强调门作为入口与出口的精神性。<

Marshmallow 花瓶以罗马柱作为造型灵感，强调古希腊建筑中的身体美。>

摄影：yangyanyuan
造型：zhuoran

舍，因为创作者在创作出一件物品并由他人审视时，这件物品本身的解释权也就不全部归于创作者。对于我们来说，能理解我们设计理念的人与被其“外观”吸引的人并无区别，工作室愿意去创作所有人都可以欣赏的物件，或许这一点也可以视为一种平衡吧。

我理解的“风格化
行之间比照时才有
们“（使用者）”这
“他们”中的一分
从“他们”中剥离出

更多指的是在同
概念。而对于他
概念，“我”就是
，我没法将“我”
来。

做设计时，我们不会设定现在做的是“作品”还是一个普通的项目，没有什么文本意识，就像个人风格也不是自己定的。

个人风格和个性是在一个社会环境中、在适应和抵抗的双重作用下艰难形成的、在参照系内移动的不确定定位。相比强烈的独特性来说，我们也喜欢自己是风格模糊的，或者说过于普通的。

在一些平常凋敝又生机勃勃的街区里面做设计，各种人群和业态混杂着居住在一起；从这种混合性出发，承认彼此之间的相似和差异，一次又一次进行自我更新。过去和现在是叠加在一起的，个人化和普适性也分离不开。

我们的第一个工作室，位于一个普通陈旧的居民楼的底层。低矮的围墙内是小小的庭院和工作室，围墙外居民们在修车、做饭、晾衣服和种花。

摄影：苏圣亮

在日常工作中，我们会刻意消减个人的风格，努力大量从合理性、社会影响、经济性、生态、用户要求等角度去做决策。

我们在意的是处理更加前沿的问题、更加棘手的难题，并提出创新的解决方案。风格只是设计价值取向所呈现出来的一种结果。

学习层台 - 教学楼窗洞立面

在产品的功能上作出区分，让不同类型的产品来面对不同的情况。

那首先我们要明确，设计一定是有关于两个主体的事情，所以不应该存在妥协。优秀的设计者应该能够预判一个大的目的去创作。我觉得我们并不用刻意去平衡，作为一个合格的创作者和设计师，我觉得需要投身到这个世界当中，真实的创作者的一切的灵感都来自自身的经验、阅历、快乐与痛苦，如果能够理解“普适”这个词，创作自然而然就带着这一部分的潜意识。

Bibelot
© FRANK CHOU COLLECTION

每一次设计与创作，都是一种与使用者的对话。可读和不可读、易读和不易读是书写的方式和语言，而且这是一种密语，很暧昧，选择和被选择、主动和被动常常会换位，正如使用者选择我，使用者读我，同样地反过来也是我的个人风格化选择使用者，所以这种抉择和平衡对我来说是自然而然的，甚至不知不觉的，正如很多人觉得我的设计是“亚文化”社群的，很多人将我的设计思维与准则理念和“可持续”相连，其实我都是不自知的，在自身意识中，甚至潜意识中，这些影响我创作和行事的，无形匹配和选择了相对应社群，在此社群中我是“可读”的，或者说我也是被匹配和推到了那个位置，公共普适性的空间也一直在变化和流动。正如我刚才所提到的“亚文化”，大众是“消极地接受了商业所给予的风格和价值”的人，而亚文化则“积极地寻求一种小众的风格”。亚文化的受众是更积极主动的；大众文化的受众是被动的。亚文化代表着颠覆，不妥协于主流文化。而亚文化并不分年龄阶段，并且是可以转化成主流文化的。亚文化可以直接影响人们的生活方式与生活态度。主流文化的变迁其实是政治、经济等大背景综合作用的结果。

群体的认同感是安全的，而服装的符号化是快速且便捷的。我的设计服务于公众群体，同时我所选择的“他们”，也是以对我的“人性化”标准和流动的价值观念思考在与我适配。

Q3

工作室与工厂

抛开媒体长久以来在公众心目中营造的“设计师=艺术家式工匠”的浪漫幻想，与设计史交织在一起的重要力量之一即是：现代科技演进所促生的生产方式、制造产业链等一系列的连锁改变。

你的设计实践是否／如何被这些变化所影响？

OPEN 建筑事务所：建

计行业的发展和技术的

一直关系紧密……手和

工作上的难以描述的随

和不确定性，恰好平衡

脑和技术所带来的那种

的精确性和局限性。

NAN KNITS：
更加灵活地利用科技制造的优势，
拓宽和丰富传统工艺的可能性。

Studio KAE：
我们的产品往往是从结合传统工
艺和现代工业化生产技术的混合
经验中获得的灵感。

西涛设计工作室：
在现实的工作流中，我们希望融入
新旧技术互补式的整合，一边是越
来越精确的数字制图，一边依然是
颤抖的线条手绘草图讨论和批注。

Nothing：
工业设计（产品）领域注定要重度依
赖科技制造，区别在于你是跟风者，
还是推动者。

靳远：我在有意识地减小科技发展对我设计实践的影响……把该消化的先消化好。

李晓东：

技术对设计的改变有几个层面：一个是设计过程，还有一个是技术本身——在建造基础上，两个层面都会影响到建筑师的设计，包括材料。

AIM 恺慕建筑设计：
我们作为建筑师，既要成为浪漫的工匠，同时也要睁开眼睛迎接真正的挑战：我们的作品仅仅在拍照时漂亮是不够的。我们需要学会与现实中对能源和材料极其浪费的状态合作。

建筑营设计工作室：
我们主要就是解决"当代技如何被恰当地运用到具体的筑项目上"的问题。比如混宅，它是一座京郊乡村民房改造。设计意图是新旧混合让建筑的生命持续下去。

Atelier V&F：

我觉得设计师的身份维度是多样性的，既可以具备工业化的制造模式与用户连接，也可以切换到更加艺术家的状态来创作作品。

陈旻：

科技发展始终在我的关注领域，也的创作带来了灵感。

卞佳新：
最近在"临时反应"展出的新作品"铝工架"就是传统手工和现有制造业的结合……用不确定性来打破机器制造的完美性。

刘珩：应该是人作为主体在设计，而不是电脑在设计。主体与客体发生了改变，也改变了日常的设计工作，我认为这是现在的科技发展给我们带来的一个特别大的问题。

Moi Design：

科技是无心更是无罪的，如何利用科技是不同行业和专业的创作者需要去共同思索和守护的课题。

裸筑更新建筑设计事务所：

科技是一种辅助手段，做到更精确与效率。但我更相信人力、手工、打磨等传统技术在中国的大地上能开花。

Order Studio：
科技制造帮助我们
现了很多对于传统
艺的憧憬，也带给我
更多的设计可能性。

Ming Design Studio：
我们定义自己为非典型工业设计师……我们对于这两极都一直保有强烈的好奇，并期待可以将更多的产业融合

NANO×A
& 本土创造
料的迭代
但我们也
能性带来的
加从系统的

Louis Shengtao Chen：

我们喜爱运用带有冲突性的——原本与之无关的材料，去重新构建一个华丽的外表，这种"冲突感"一直支撑着我们的工艺创新。

聂若涵：
劳动力生产结构的改变，给这个行业带来了不少正面的影响，也加快了发展节奏。

万书君工作室：

在工作室刚完成的京郊十渡山区的“借山院”项目中，我们被当地独特的喀斯特岩溶地貌，和村民在日常中对取之于山体的石头的巧妙运用深深吸引。我们做了一个建造决定：就地取材，将承载着十渡地区历史建造记忆的石头作为激活旧建筑的重要手段。

CH® 材料乘以设计

科技制造固然为材供了大量的可能性，也需要警惕这种可片面或自嗨，并且更角度去看待。

ONOAA STUDIO 建筑室内设计事务所：

科学技术的进步，会推动设计不断贴近自然。我们需要用当下的科技，帮助传统工艺找到它在现代社会的使用状态。

studiososlow：
工作室认为，传统工艺与科技制造之间的穿梭更像是在一个时间段上的穿梭……呈现的时候就不仅仅是一个“传统工艺”的展现，
更多是展示这种工艺在现代的可能性，以启发更多灵感。

Ponder.er：

我们会融合传统工艺与科
化的生产技术，结合纯手
以及数码化的加工方式，
最后的成品变得独一无二。

土上工作室：

我们依然非常在意传统工艺中蕴含的智慧与能量。

周宸宸：

我们最大的挑战是如何去真正介入，和将科技的这种能力有机而自然地整合到我们的设计的背景以及实现方式中来。

众建筑：

众建筑聚焦于将与如今社会条件相匹配的科技工业制造力，应用到更为广阔与具体的实际场景中，去面对那些可以大规模处理的社会问题。

水雁飞：

这种穿梭是否在其他领域会更积极，我不好说，至少在建筑领域大部分的情况下并不是一个主动的选择。

022397：

我们和国家非物质文化遗产传承人的绣娘工坊的合作中，我们仅仅是在设计中留出需要刺绣的区域，刺绣纹样都是由绣娘自己绘制和配色……将创作交还给她们，我们觉得这富有诗意。

答 1

如果没有真正创造它的人，我们的工作是没有意义的！

答 2

如同过去 50 年被建造出的工厂一般，建筑师的身份也被大量使用的混凝土所局限着。浩如烟海的建筑，其内部和外墙每隔几年就会更新一次。

我们作为建筑师，既要成为浪漫的工匠，同时也要睁开眼睛迎接真正的挑战：我们的作品仅仅在拍照时漂亮是不够的。我们需要学会与现实中对能源和材料极其浪费的状态合作，考虑它们的来世，考虑我们如何在不应用另一层包裹或创造另一个不断需要人工能量的空间的情况下设计。

在这种情况下，我们怎样才能把我们的艺术手艺运用起来？现在是时候这样做了。

我们现在的工作方式是挺融合的，我们用软件重新模拟自然，用 VR 来检查草稿与作品细节，用 3D 打印来制作最初的模型。Atelier V&F 的创作材料具备更多的匠人属性，我们会像雕塑家一样用手与工具雕塑模型，然后通过

最传统的方式来呈现作品。我觉得设计师的身份维度是多样的，既可以具备工业化的制造模式与用户连接，也可以切换到更加艺术家的状态来创作作品。这种双线模式其实一直存在，只是现在对于设计师们来说更加地容易普及。

Atelier V&F 在与工匠共同制作卡俄斯之隙的作品局部 <
卡俄斯之隙系列扶手椅 ∧

最近在“临时反应”展出的新作品“铝工架”就是传统手工和现有制造业的结合：在一次旅行途中，偶然拍下路边一座座随意摆放的木工架，木板宽窄不一、长短不等，看似随意地用钉子钉在一起，却雕塑感十足。我从中学习木工师傅们随机拼凑废料制作工具的手法，依瓢画葫芦笨拙地模仿他们的雕塑造型能力。

用 8mm 厚铝板替代木板增强结构的稳定性和耐用性，M4 螺栓替代钉子，激光切割数据化细节，保留木板上的孔洞、裂缝。在激光切割工艺制造加工的基础上，用电动工具做雕刻打磨的行为——用这种不确定性来打破机器制造的完美性，迎接一首劳动破损带来的即兴诗篇。

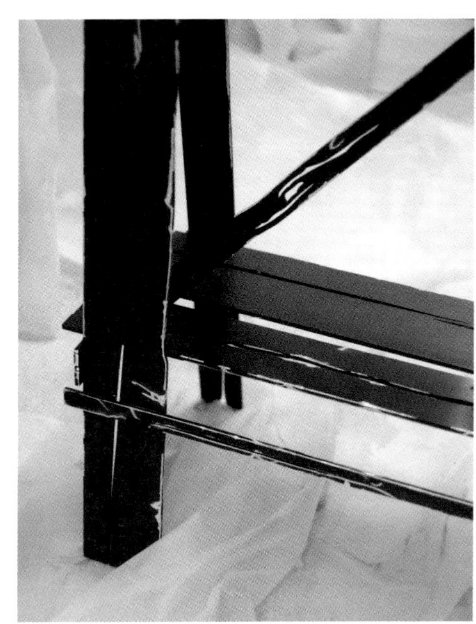

雕刻“铝工架”过程，摄影：朱岚清

科技发展始终在我的关注领域，也为我的创作带来了灵感。

我设计的重点之一即“传统与现代的融合”，比如传统材料和现代工艺的结合，抑或是将传统工艺与新式材料结合，这当中时常包含了古与今、中与西的思想碰撞。

有有用系列 workshop 现场 ∧
有有用系列作品 >

像是近作“有有用”系列，就是将传统漆器的脱胎法与 3D 打印废料 TPU 结合在一处，变废为宝，由此探索现代设计造型手法与古典道家哲学“无用之用”的关联，希望借“手工 +3D 打印”这样的反讽式组合来抛砖引玉，引起业界和大众的反馈和讨论。

我们主要就是解决“当代技术如何被恰当地运用到具体的建筑项目上”的问题。比如混合宅，它是一座京郊乡村民房的改造。设计意图是新旧混合，让建筑的生命持续下去。民房采用老式木结构搭建而成，跨度有限。我们保留了老建筑，并使用了新的木结构与原建筑产生一种迭代演进的关系。接近于传统的抬梁形式在新的设计中继续保留。

当今的木结构建筑依托于工业化体系，基本上是预制装配式的，有相对专业的技术工人保证施工精度，施工快速。同时，木质质感自然，并省去了二次装修。这些优点都是传统乡土建造不具备的。我想这也是对于一种建造传统在当代技术层面的回应吧。

我觉得我只是个一般化的建筑师，但这个问题越发让我发现，我就是个低技的底层建筑师。我在有意识地减小科技发展对我设计实践的影响。我有几个疑问：

《阳光下的尘埃——木尔与 COLMO 的房子》局
摄影：谢光源 <

《网》，靳远，“空间规训”（2020）
展览现场，OCAT 上海 >

1.“当下”（问题里用的是今天）是一个瞬时成果，还是一条脉络中的一小部分？

2. 在讨论“改变”之时，变化之前的东西，我们做到位了吗？于我而言，脉络更有意思；远远没做到位。所以我选择“减小”，把该消化的先消化好。

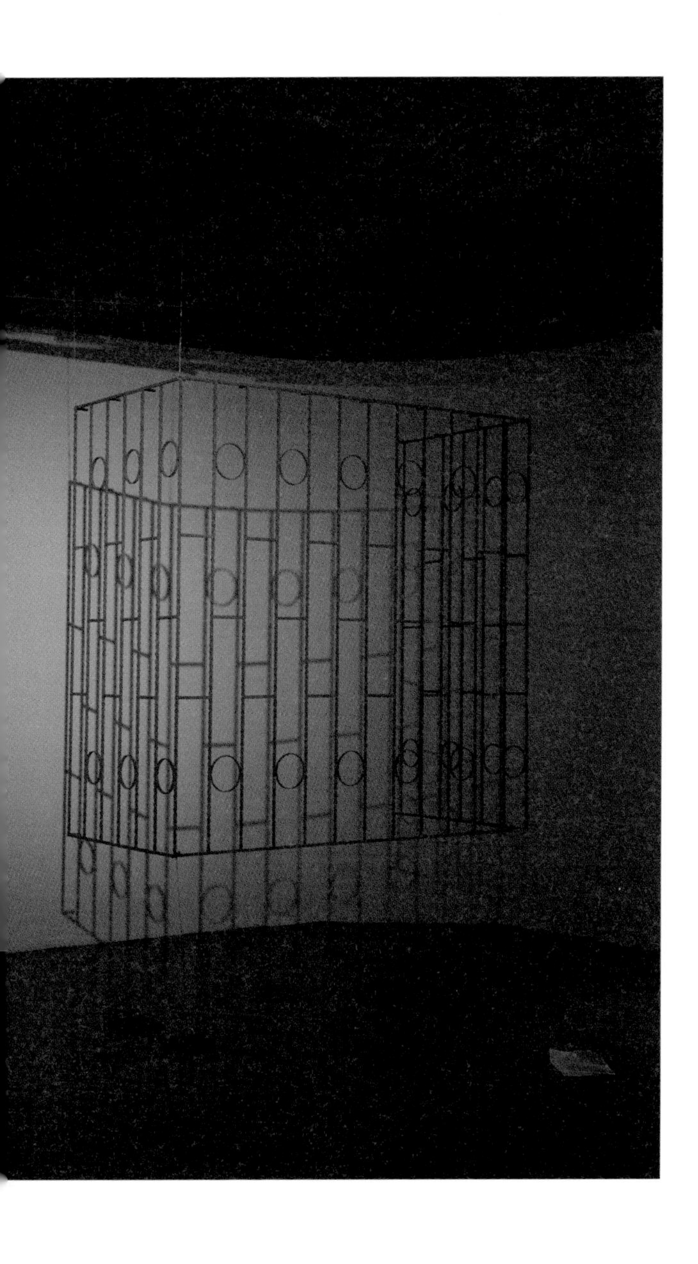

技术对设计的改变有几个层面：一个是设计过程，还有一个是技术本身——在建造基础上，两个层面都会影响到建筑师的设计，包括材料。建筑技术、建筑材料的发展，肯定对建筑师在打造新的空间形式上有很大的影响；在设计上更是这样的，以前传统的绘图方式在经历智能化的电脑辅助以后，我们的犯错几率会减小很多，同时，我们对建筑的先期把控能力与幅度也得到了很大提升。

没有围墙的学校——利用平台层将学校与城市竖向分层，形成安静的教学区和活力的城市界面

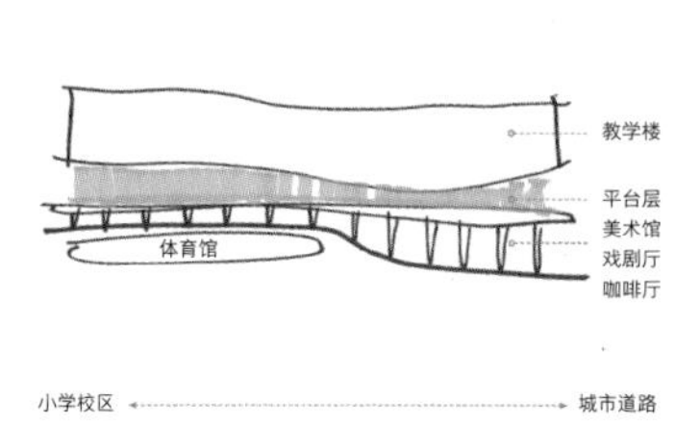

在地特色的学校——结合深圳气候，突出通风的建筑形态，打造 150% 绿化率

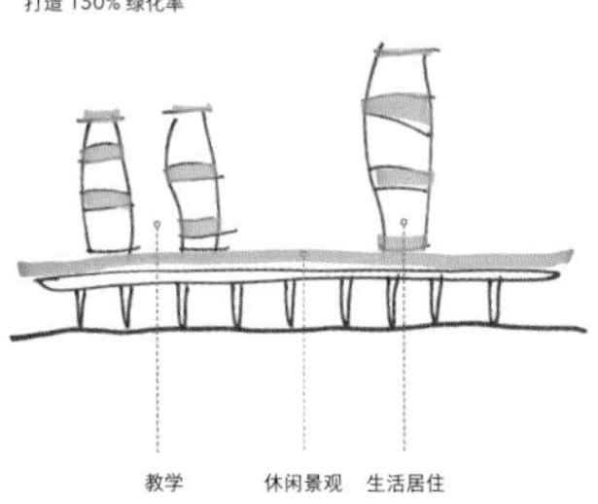

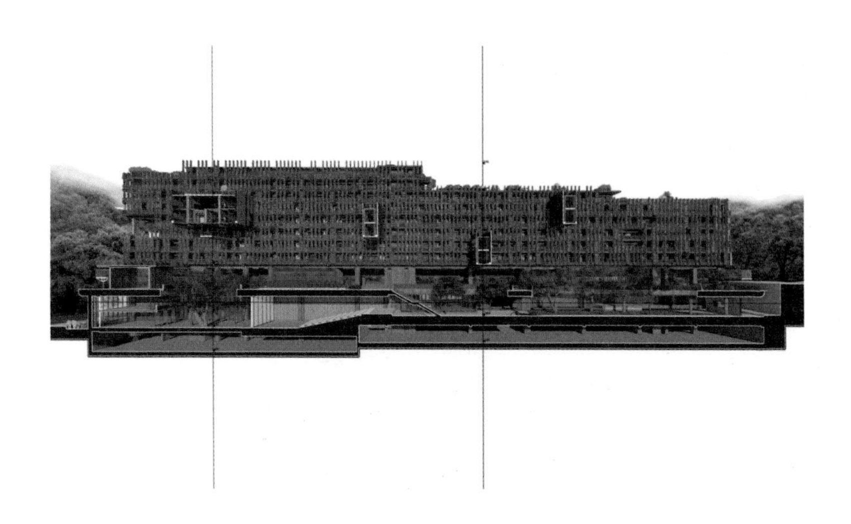

© UKstudio

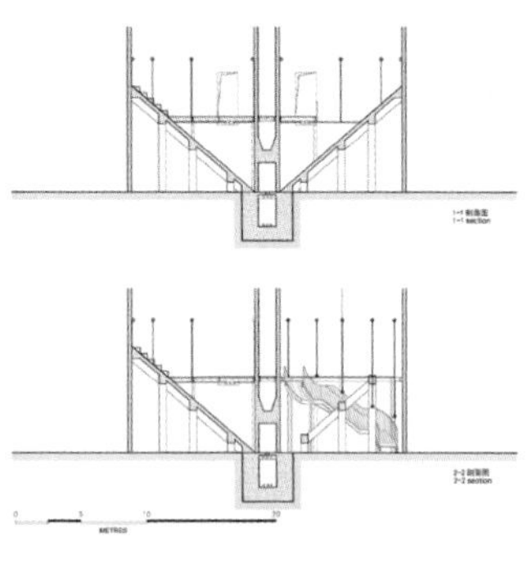

蛇口大成面粉厂改造

承载着深圳记忆的蛇口大成面粉厂
2015 年被选为深港城市\建筑双城
双年展主展场。我们以“因地制宜
顺势而为、物尽其用”的改造理念和
原则，尊重生产空间原汁原味的特质
和组合关系，置换多样的新功能，建
立了一个乌托邦式的社区，在这个经
过蛇口快速发展而遗留下来的工业废
墟上，实现“天人合一”思想的回归
重新审度人、社会、自然三者的关系

大成面粉厂整体鸟瞰 © 张超 ∧
筒仓公共路径改造 © 南沙原创 NODE

传统工艺与科技制造虽然路径不同，但其实都源于对制造和建构体系的清晰理解和设计。如果我们不了解这些体系是如何运作、如何被建构的，无论在哪个时代，传统工艺和科技制造来说其实都是无效的劳动，所以我认为对于建构体系的清晰理解和设计才是问题的关键。

酉园——上海奉贤鼎丰酱园空间装置

空间装置"酉园"选址于上海鼎丰酱园废弃的酱油酿造车间，特殊的制造流程造就了生产空间的多样和丰富，也为时间的体验创造可能。我们在废弃的生产空间中植入一个"江南园林"与一条新的时间路径：在酵味的笼罩中静思默想、在生产的场景里移步易景，工业时代的凝重记忆被飘起的亭台廊榭轻轻地化解并散去。这是一个因地制宜、化腐朽为情境的酉园。

装置路径"时间即体验"
© 南沙原创 NODE

科技的进步确实加快了我们的日常设计工作的进程，但这种提速也带来一些具体的问题：人与所设计的对象变得越来越抽象，设计者与日常的尺度变得越来越远；而作为"人"的设计师，很多时候被工具化了。有时候，在与青年建筑师的沟通中，我会发现一些问题：如果问有的设计尺寸是怎么得来的，有人会说这是电脑直接量出来的结果。但我会觉得应该是人作为主体在设计，而不是电脑在设计。主体与客体发生了改变，也改变了日常的设计工作，我认为这是现在的科技发展给我们带来的一个特别大的问题。

基于这个问题，我想谈谈我们自己的品牌在面料工艺上的一些创新。比如，我记得做品牌第一季的时候，有一些看起来很华丽的刺绣工艺，其实那些是我当时用很多旧的钟表以及从自行车上卸下的废弃零件组装而来的，我把它们绣到乳胶衣上作为一种看似带有些许中式东方感的零件，细看会觉得很精细也很具有冲突感。作为刺绣，我个人还是很喜欢的。其实这种工艺上的突破不仅仅在于我想深入探索那种可持续的环保意识，更多是在于我们喜爱运用带有冲突性的、原本与之无关的材料，去重新构建一个华丽的外表，这种"冲突感"一直支撑着我们的工艺创新。

建筑师这个职业的古老体现在生产方式上。自有这个职业至今，建造方式并没有太大的变化，即“物质属性”的结合，石头配木头、铁配铝等等，最多近百年工业革命之后，有了玻璃和塑料。由机器代替人力的建造方式（这里谈的是建造，而非生产，生产是另外一个维度的话题——即工业革命之后人类的困境）在近些年常常被提及，但鲜有有效的进展。这其中有诸多原——就业、经济等。

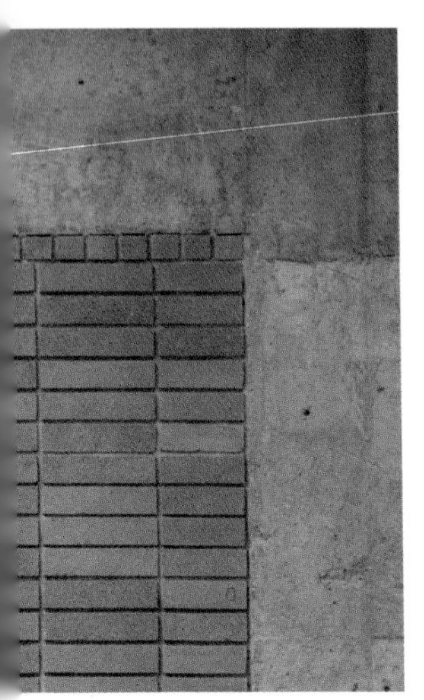

在裸筑的项目实践中，我们并不唯科技论。科技是一种辅助手段，能做到更精确与有效。但我更相信人力、手工、打磨等传统技术在中国的大地上能开花（其中有诸多中国特色的社会问题导致了绝大多数的中国建筑无法与想象中的科技速度相结合，更多只是“示范”）。

举几个例子，在“原力飞行”项目中，我们用手工夯土制作砖块。只有手工夯的砖块才能保持必要的夯土肌理，这种手工感的工艺被我们定义为“低技”。在安吉设计制作一种秸秆凳和苜蓿草盒，借助压方机压制草垛，但主要工艺还是手工绑秸秆。在上海法华镇路上的口袋公园，我们找到捡来的树干作为支撑结构，配置钢节点，形成整体钢木混合结构棚。这三个项目都是用“传统的手工艺＋微现代科技（铁件车床加工）”的方式实现设计落地。

原力飞行，上海
安福路旗舰店
2021 <<<

叶子中心，安吉
苜蓿草盒
2022 <<

叶子中心，安吉
秸秆草凳
2022 <

法华镇路，上海
口袋公园
2019 >

设计：裸筑更新

我们定义自己为非典型工业设计师，我们的作品中既有科技创新，也有手工艺传承，我们对于这两极都一直保有强烈的好奇，并期待可以将更多的产业融合。

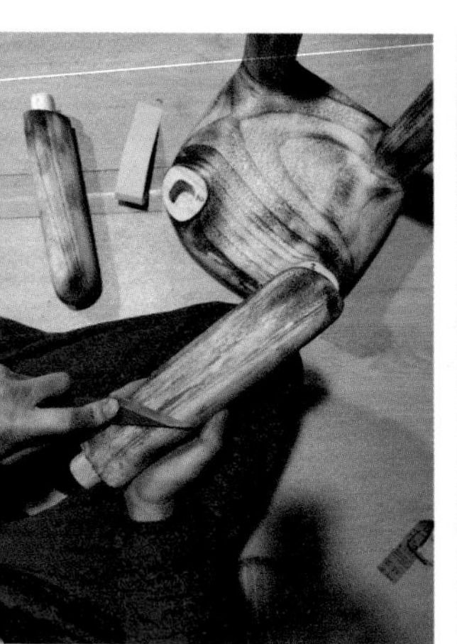
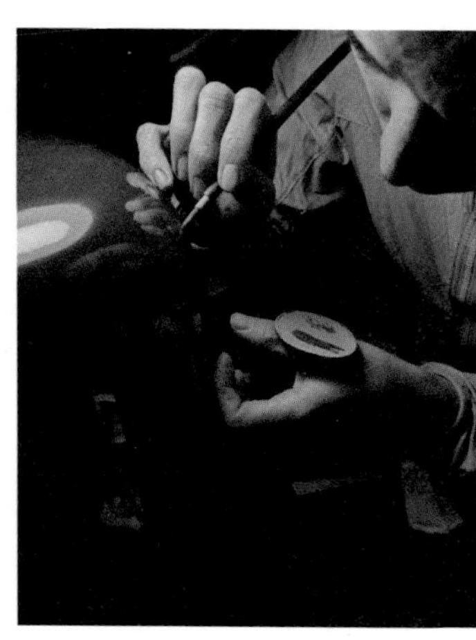
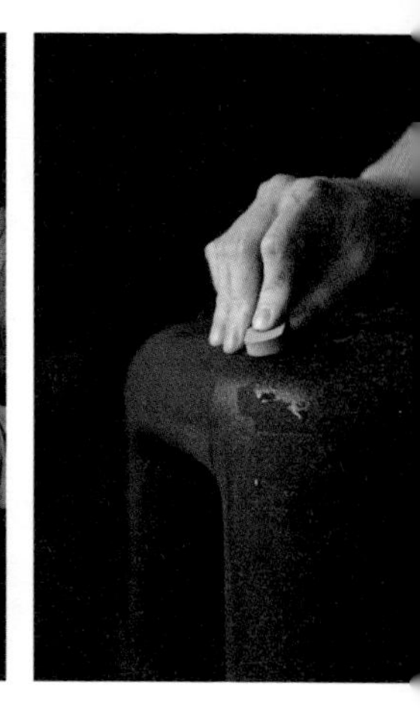

比如 Bold stool 的木胎就是数字工艺和机加工工艺的结合，在限量大漆版中又与手工艺制作有了融合对撞，在优雅曲面形体的衬托下，大漆或漆之美更可以被反衬出来。所以我们觉得科技的发展让我们有了更多的可能的视角来与传统工艺结合。

两年前收到委托为一个主题展览做设计，要求大家必须利用 5 轴 CNC 加工技术。作为一种高级数控加工技术，5 轴 CNC 几乎可以实现各类造型，从而给予设计师在造型设计层面极大的创作自由；同时，这也是对生产力的一种释放，各种非常考验工匠手艺的细节雕刻可以在短时间内完全自动化且批量化完成。但在这些显著的优势面前，似乎大家都默认且忽略了这种加工技术的弊端，那就是 CNC 作为典型的建材加

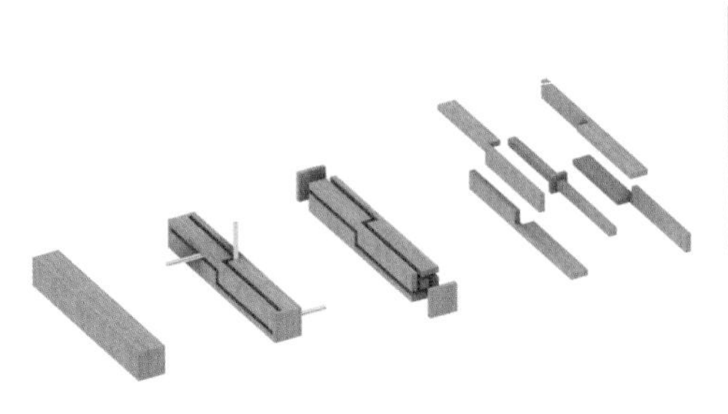

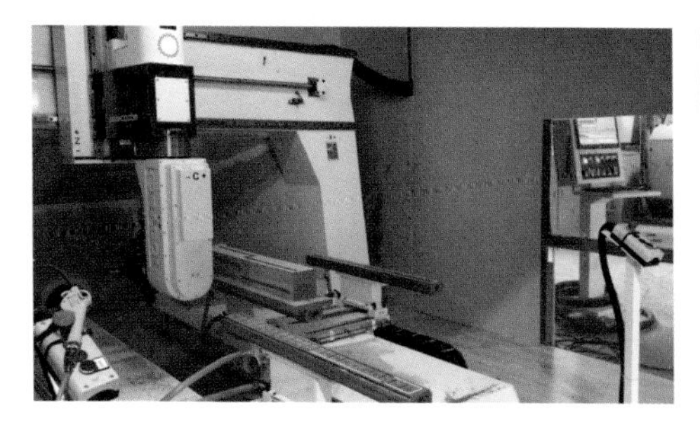

5 轴加工走刀演示 ⌃

5 轴 CNC 加工过程 ∧

4 只一模一样的柜腿；摄影：陈华

工工艺，在成就造型的同时要铣削掉大量的材料，而这些废料并没有成熟且经济的回收模式，而全自动且批量化的加工效率，换个角度想，其实也极大地加速了材料的消耗和废料的产生。更加讽刺的是，对于材料的消耗，反而从营销层面可以成为夸大设计价值的说辞。

出于对这一现状的反思和对这种工艺的重新探索，我的设计方案并没有利用这一高级加工工艺去雕刻造型——相反，我利用其三维空间加工的特性，通过四次简单走刀，一次性从一块木头中分离出四只一模一样的兼具造型美感和结构功能的柜腿，同时最大程度地充分利用材料并减少废料的产生。独立而深刻地去理解、探索和应用技术，并通过设计创新优化技术的应用价值甚至是发展路径，这不仅是对设计价值的深入

结合处细节：开放式榫卯无任何连接固定

转折书柜

探索，也是对科技中立性的尊重和拥护：科技是无心更是无罪的，如何利用科技是不同行业和专业的创作者需要去共同思索和守护的课题。

中国一直是全世界针织服装供应的主要源头，我们不仅拥有完整的供应链体系，优良的工艺基础，同时还有丰富的组织生产经验。中国人的吃苦耐劳和人口红利加速了这个劳动密集型产业的高速发展，这种优势也正随着人口老龄化与世界的各种动荡发生改变。毛衫这个品类在整个服装行业中属于半自动化程度相对较高的产业，前期的织片大多由机器完成，人工参与的部分更多是编写花型程序和操纵机器，以及在织片完成后，由人工处理缝合。缝合织片需要技术娴熟的工人手工精密化的处理，但在这个环节上，工人老龄化、招工难的问题逐渐显现。一方面，年龄较大的工人对于高强度生产的适应性逐渐减弱，另一方面，对于年轻群体而言，他们有了更多“轻松”的选择，由于他们追求更加平衡的生活方式，薪资的上涨对他们形成不了较大的诱惑力。这一现象也促使一些供应链上的厂家探索更加自动化却高成本的生产模式，或是把供应链搬到劳动成本更加低廉的区域。这一问题的逐渐显著，也促使我们探索更加自动化的新技术和新模式：在设计实践中，我们充分发挥自动化、程序化的优势，通过设计、材料与电脑机器的配合，探寻纺织科技加持下的各种工业美感。同时，我们始终保持对“一片成型”“一体成型”电脑工艺的探索，在减少废料产生的同时，逐渐降低人工的参与，更加灵活地利用科技制造的优势，拓宽和丰富传统工艺的可能性。

雷雨�q（NANO×ARCH® 材料乘以设计创始人、回收塑料再造凳项目材料设计师）：

材料从古人的五行观开始，一直在通过科技手段，针对人类对于材料外形、功能及性价比的要求不断迭代，衍生出目前丰富的材料世界。

而有两点事实，我们可能经常会忽略：
人类是无法凭空创造任何材料的，我们所取用的一切能且只能来自地球。人类能完成的只有“转化”，将自然资源变为我们生活中的全部产品与空间的存在。

同时，纵观这个星球上的所有物种，人类可能是唯一在真正产生大自然无法消化的“垃圾”的物种了。

材料，作为来自地球的物质与能量的结合产物，它不仅是人类和环境之间的纽带，也是人类看待我们与这个星球之间关系的方式的一种具象体现。

过去的一个世纪里，随着全球经济的快速发展，材料也通过不断推陈出新，从单一材质到复合材质，持续满足着人类的设计与性价比需求。而其中的大多数材料，在被设计与生产出来的时候，几乎没有人去思考：这些材料用完之后要去向哪里呢？

于是无论哪个行业，在线性经济模式下，大量的材料在仅仅被使用一次后，就被焚烧或填埋，进而导致地球资源的逐渐匮乏，人类可用的原材料越来越少，产生的垃圾越来越多，衍生的经济问题和环境问题不断出现。“可持续”，在意的是如何平衡人类、环境和经济的健康，它是远大于“环保”概念的存在。

材料，并不是单一环节的事情，材料的应用，也不是仅仅为设计服务的角色。

而“可持续材料”也从来不是一种潮流新标签或一个材料类别，它是所有材料领域里，从古至今，从全生命周期的角度，从原料，到生产，到应用，到消亡或回收的全过程中，对人类环境和经济可以产生尽量小的负面影响，甚至产生正面影响的“更好的材料”。

科技制造固然为材料的迭代提供了大量的可能性，但我们也许也需要警惕这种可能性带来的片面或自嗨，并且更加从系统的角度去看待一个材料的选择、制造和应用方式，包括废料的回收方式，甚至思考和质疑对待此类废料当下最好的处理方式等。让好的材料和好的设计真正相得益彰，才能一起产出更好的产品和空间。

许刚（本土创造创始人、回收塑料再造凳项目产品设计师）：

新科技、新技术的发展对于设计实践来说，空间拓展得越来越多，产生很多新的可能。尤其数据和新型计算技术的爆炸式发展，可以激发新一轮的创新活力。新技术、新材料、新能源可以深度融合，多层次、多领域的技术交集、渗透、拓展，孕育着传统与当代的良性契合，并形成新的方向。最近我们研究贵州黔西南布依族织布技艺，从中抽离色彩与结构，形成数据输入电脑，进行编程，再通过 3D 打印技术输出，就是让数字技术与新材料介入，产生当代日常生活的产品。

工业革命指向物质民主，信息革命指向知识民主。科技在进步的同时也带来了物质与精神的同质化，如果不能善意地利用还可能带来低劣化。批量工业制造与个性差异设置能否统一？都是我想探寻的方向。

其实到现在，我也会认为设计师=艺术家式工匠。设计开发方面，我觉得目前大部分设计师在开发阶段采用的还是比较传统的方式；当然电子打版等还是给我们增添了很多便捷。劳动力生产结构的改变，给这个行业带来了不少正面的影响，也加快了我们的发展节奏：比如有一些工艺的细节，可以非常明确地用 CLO 3D 模拟出来，大大提高了和工厂沟通的效率。

工业设计（产品）领域注定要重度依赖科技制造，区别在于你是跟风者，还是推动者。科技制造业有其技术边界，在边界内做设计，简单，高效，但很难有所突破。我比较

倡导的是从体验出发而非从限制出发，遇到超出产业技术边界的需求，想办法推动就是了，一旦成功就会与跟风者拉开宝贵而短暂的时间差，在这段时间内，用户会通过购买投票回馈你的努力，更为宝贵的是用户会记住你的品牌。

Nothing Ear(1)发布于 2021 年 7 月

设计正在回归自然，犹如万物终将回归大地一样。几十年前我们需要设计很新的形式，但现在我们看到很多过度设计，人类为了发展产业，从自然转向非自然，在这一

图为 ONOAA STUDIO 在 LABELHOOD×ERDOS 店铺项目中设计的龙门架和家具，利用古代家具结构设计开发。

摄影 :Jonathan Leijonhufvud

过程中诞生了“设计”。正因为人类体验了过度改造对生态环境的破坏，现在我们慢慢开始追求“设计需要回归自然”。科学技术的进步，也会推动设计不断贴近自然。我们需要用当下的科技，帮助传统工艺找到它在现代社会的使用状态。

建筑设计行业的发展和技术的进步一直关系紧密。举两个例子：

1. 视频会议和微信平台的便利性，极大地缓解了疫情期间出差难所造成的设计过程中的沟通问题，以及工地的

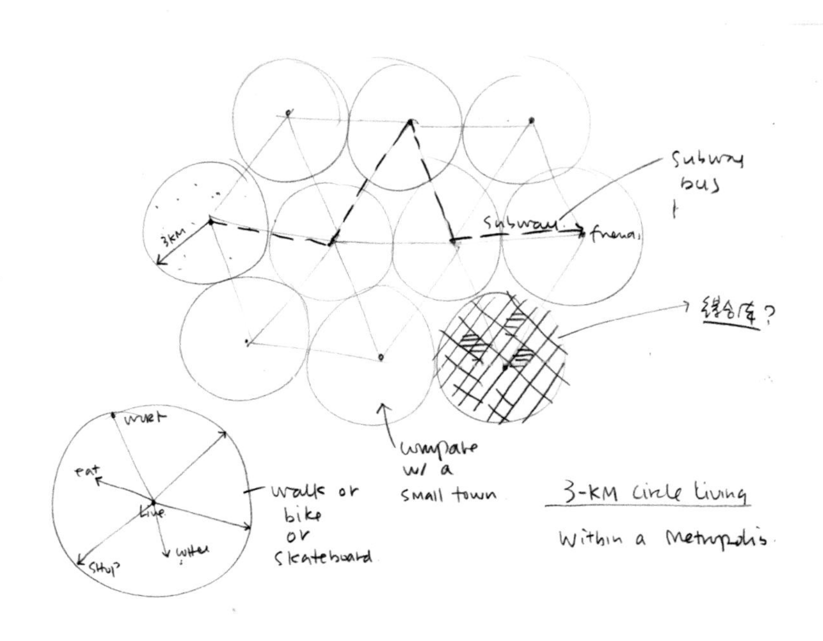

管理问题，如果在 10 年之前，难以想象这种状态对设计过程和工地管理造成的停滞性的影响。

2. 当下的数字模型软件和 3D 打印技术，在我们当下的

很多项目的设计研究和深化推进中，以及与业主/合作顾问沟通的过程中发挥了很大的辅助作用，尤其是在指导施工——和施工单位/工人的沟通中也起到了非常直观的指导作用。但有趣的是，我本人的工作方法却越来越脱离电脑，几乎完全回到了传统的工作方式——白纸

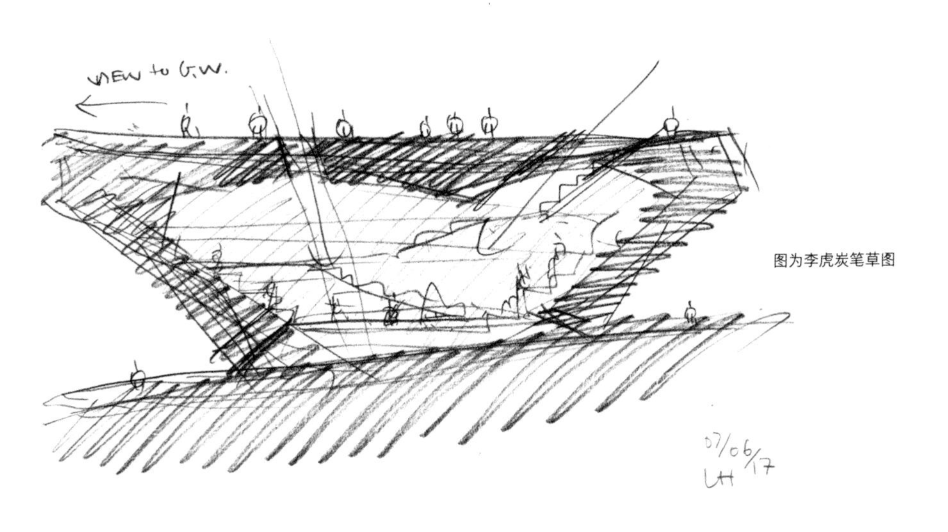

图为李虎炭笔草图

和炭笔。手和脑在工作上的难以描述的随机性和不确定性，恰好平衡了电脑和技术所带来的那种预定的精确性和局限性。

科技制造帮助我们实现了很多对于传统工艺的憧憬，也带给我们更多的设计可能性。我之前参观建于 1978 年的上海松江方塔园，

何陋轩茶室竹结构与金属构建的结合竹结构与金属构建的细节

设计师是同济大学建筑系的创始人冯纪忠先生，冯先生以古为新的设计理念给了我很多启发。

我们今年在阿那亚金山岭与艺术家蒋晟合作的展陈项目“敞开的平原”，结合建筑形态与材料重新思考空间的展陈方式，通过现代技

展台的结构和细节

术把中国的榫卯工艺运用在金属材料上，形成了一套新的设计语言，这是一次很特别的尝试。

我们自己研发的手钩印花面料，融合了传统工艺与科技化的生产技术。我们利用了工厂的废弃、过季面料，用机器分割成布带，再经工艺师傅手钩成不同的结构，最后以数码

印花技术加上色彩和图案。整个过程结合了纯手工，包含了技术人员累积的经验和手艺，以及数码化的加工方式，让最后的成品变得独一无二。

这种穿梭是否在其他领域会更积极，我不好说，至少在建筑领域大部分的情况下并不是一个主动的选择。如果查阅我们的构造史，也结合我们的施工人员构成以及我们的平均造价条件，就可以理解为什么大致可以分为两类：一种是“小米加步枪”，而另一种就是“金玉其外，败絮其中”。

真实的困难是你如何直面这样的机制和规模带来的中国图景。也许“小米加步枪”的逻辑更诚实一些，我们可以放大它的作用和效果，刺破那些虚假光鲜的外表。

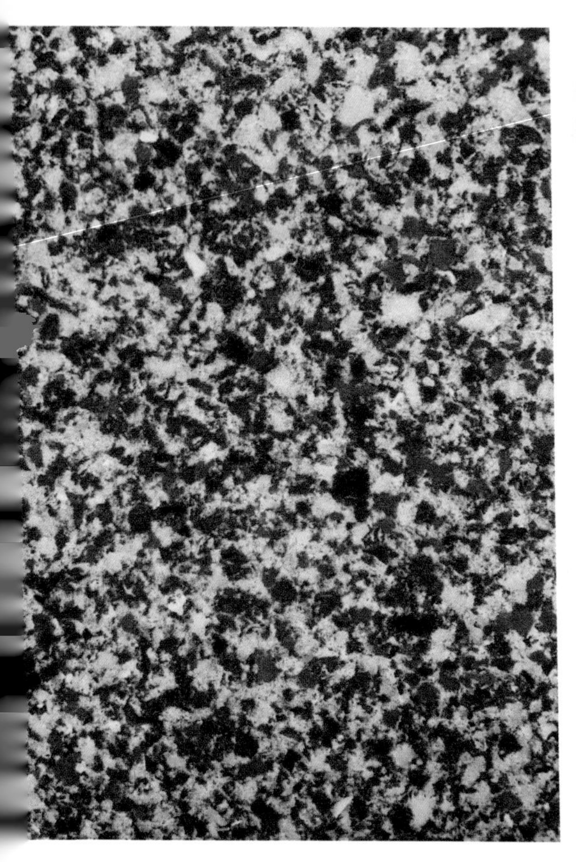

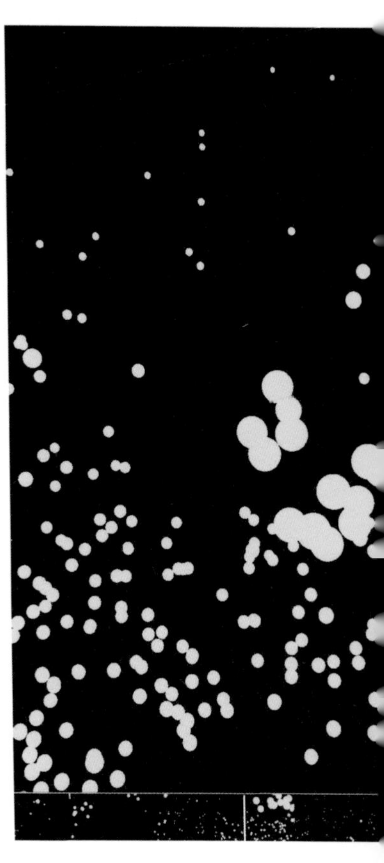

回收混合再生绵样品 ∧
Patchy Scan 3D AR 跟踪功能，实时录屏 ∧
“切线”标识的风筝制作 >

在工作室刚完成的京郊十渡山区的“借山院”项目中，我们被当地独特的喀斯特岩溶地貌，和村民在日常中对取之于山体的石头的巧妙运用深深吸引。可是近年来，传统石构技艺逐渐被抛弃，当地的石作依托于附近工厂生产的模块化、无机的石材成品，脱离了与本地建造方式的关联，无法打动我们。

我们做了一个建造决定：就地取材，将承载着十渡地区历史建造记忆的石头作为激活旧建筑的重要手段，将原有砖房赋予全新的外立面与质感。整个建造的过程，也是一次与当地手工艺传统沟通迭代的尝试，我们与当地石匠共同创造了一种介于“干垒”和“砌面”之间的改良砌法，仅在砌筑过程中控制石块尺寸、缝隙宽度和错缝方式三个变量。

最终，项目通过石头这种传统原始材料被赋予了一种抽象的表情，在时间的凝固中获得了面对壮观自然地貌的纪念性。

山上随处可得的石头被村民巧妙运用在地形修整中，当地工厂生产的模式化的石材产品 <
借山院的立面材料取自当地的石材 ∧

我们的产品往往是从结合传统工艺和现代工业化生产技术的混合经验中获得的灵感。例如在 fabric formula 项目上，我们认为传统的布艺家具多数以塑料注塑或金属折弯制作骨架，再用布料进行表面装饰；而这个项目颠覆了正常的制作工序，即从布艺加工再到骨架成型，从而实现新的造型语言。为了实现这一制造过程，我们采用特殊的低熔点塑料和重新设计的开合式金属模具，用先将塑料母粒裹入布料再热压翻模的方式制造凳子。这种加工方式的优势是能将每次热压的效果，随机地表现到最后的凳子褶皱表面上。项目旨在批量生产中展现织物的不可预见性、主观性和随机性的独特美感。在体验上，坚硬的凳子质地和布料表面给使用者带来视觉上的柔软感的对比。

同样地，树页椅灵感也诞生于车间：胶合板热弯是家具生产中最为常见的工艺之一，夹板在用模具热压成型后，木皮尺寸往往会大于实际需要的尺寸，这些多余的尺寸会等到成型完成后再裁切打磨。这就好比印刷行业中的出血（Bleed，指的是印刷时为保留画面有效内容预留出的方便裁切的部分），因此制作尺寸总是比成品尺寸大，长出来的部分要在印刷后裁切掉。如果把保留胶合板“出血”的方式看作是对“错误”的包容，那么胶合板里木皮相互纵横交叉排列形成的肌理，是否可以被视作一种生产中的自发的美感？在大规模生产体系中通过重构特定生产环节来拓展“容错”的可能性，或许能柔化工业生产的物件，为家具增加个体魅力和原创性。

在回答问题前聊几句题外话，本页这种幽默图片时常会出现在日常生活中，究其原因，对于中国经济腾飞的生力军制造业工厂来说，生产方式还停留在：找到国外设计外形一直接制造后获取订单一获得利润的模式。Enzo Mari 代表的符号对工厂来说没有任何意义，其背后的设计工作方法也是割裂的。长久以来，工厂设计部只是制图的一部分，这一割裂的过程即是中国设计师与工厂共事时最核心的矛盾。

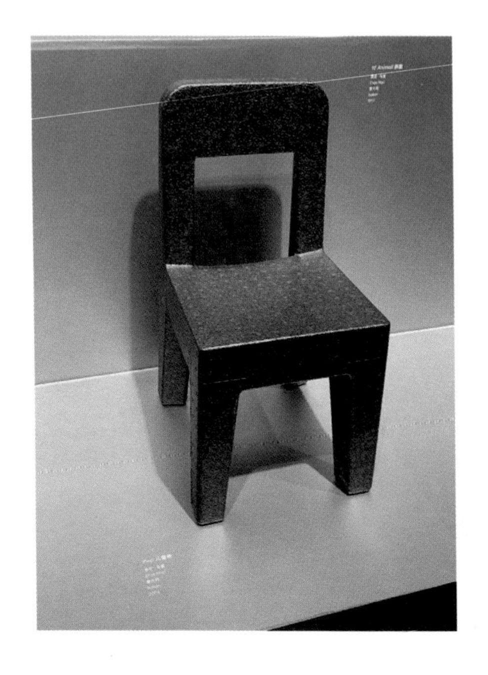

Enzo Mari pop 儿童椅在上海浦东美术馆

说回问题，对于 studiososlow 来说，学生时代受 3D 打印精度不断提高与价格不断下降的影响，工作室成为以 3D 模型手稿为设计起点的工作室。与更早之前的 CAD 制图不同，3D 视角下的产品样品与成品间差距更小，另外不同的 3D 软件间也会有不同的“人格”：rhino 会更加理性，更具结构并强调精准（在 rhino7 细分曲面之前），新兴的 C4D、BLENDER 则更加有机，更加适合柔软的曲面。随着实时渲染的不断完善，类似 UE 这类软件更是将产品渲染提升到了影视级别。可以预见到 VI、AI 会对设计呈现的革新和对新兴艺术的冲击。

工作室认为，传统工艺与科技制造之间的穿梭更像是在一个时间段上的穿梭。科技制造往往改进自传统工艺的某些问题，如快速量产，传统工艺也必定会有工业制造无法完成的部分，如需要手工艺人经验与灵感才能完成的肌理与异形态。这样看来，这两个部分也都只牵扯设计表达，但中国的传统工艺问题在于其传承还没有被系统性地保护，在问题解决前，设计师也承担起了一部分传承的责任（虽然似乎需要

Enzo Mari pop 儿童椅在工厂卫生间

更好的解决方法）。工作室目前也在开始一个有关传统文化的项目，要在保持传统工艺完整的前提下，进行一些现代性的设计表达，这样在呈现的时候就不仅仅是一个“传统工艺”的展现，更多是展示这种工艺在现代的可能性，以启发更多灵感。

貌似日新月异的科技发展目前并没能使我们的建筑思考与实践摆脱重力与摩擦力的影响。如何将材料靠谱地、

有趣地并置或连接仍是我们团队工作中思考的主要内容。所以我们依然非常在意传统工艺中蕴含的智慧与能量。

我们常开玩笑说自己的工作属于古老行当，从设计方法到施工组织方式依然跟几十年前没有多大差别。

设计意图的尝试和传达是像织布一样一根一根地画线，实施靠工匠师傅们的双手在一片泥泞和混乱中一砖一瓦去完成，既不先进也不浪漫。除了大家都用的电脑和软件外，工作中会使用到一些工具、一点技术和技艺，但可能称不上什么现代科技。数据、尺寸、性能、计划，平时讨论的都是一些可以简单量化的概念。

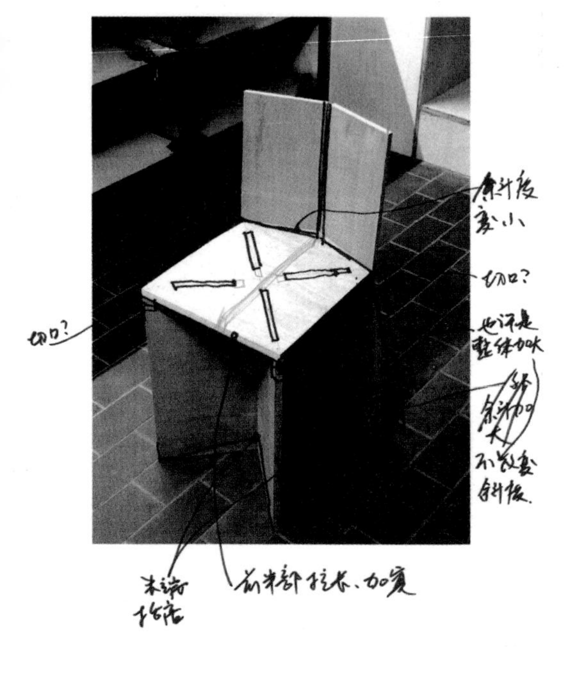

精确制图和手动批注 <
四月五月的工作方法记录 >

上学的时候，建筑理论课上解释技术这个词不只是关于材料工程工艺的，而是通过寻找解决问题的方法和途径，去理解世界和构建自我。

在现实的工作流中，我们希望融入新旧技术互补式的整合，一边是越来越精确的数字制图，一边依然是颤抖的线条手绘草图、讨论和批注；一边是越来越多工厂预制、现场装配的构件，一边又依赖于特定的工匠的经验和手感。

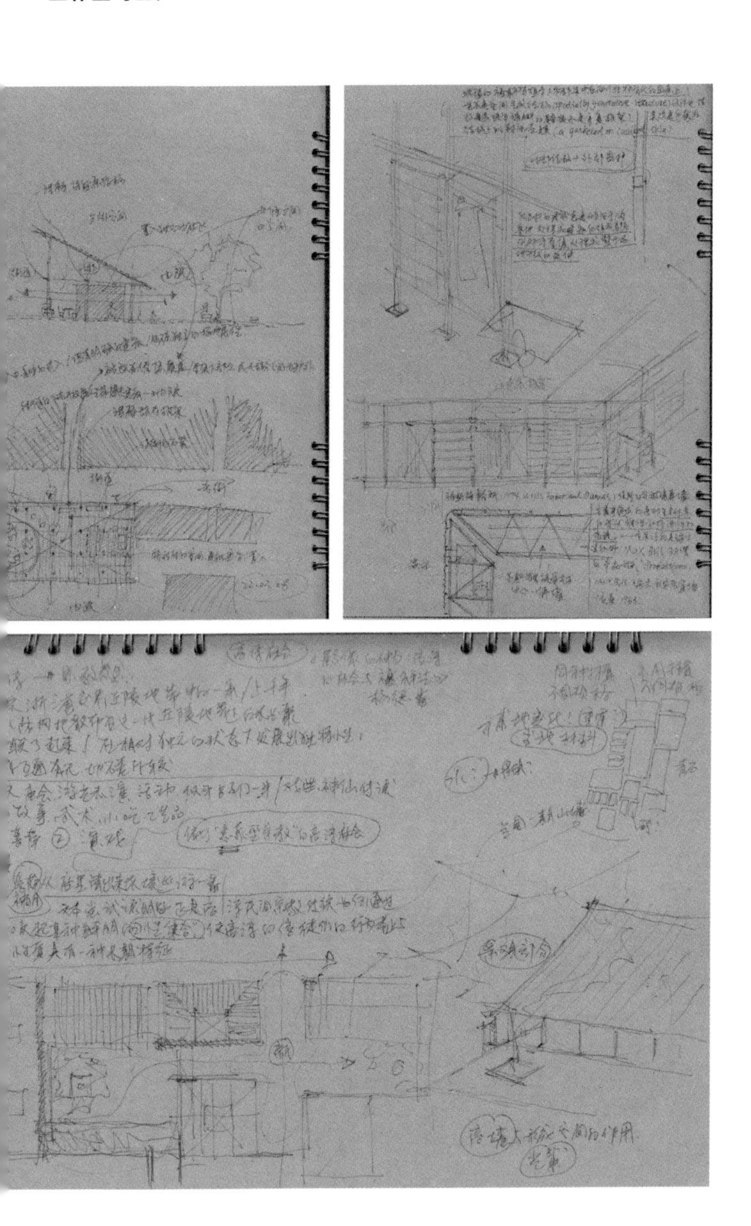

插件家工厂测试

众建筑聚焦于将与如今社会条件相匹配的科技工业制造力，应用到更为广阔与具体的实际场景中，去面对那些可以大规模处理的社会问题。例如插件家系列，就是大批量模数化生产、快速安装的工业体系，被应用到旧城更新居住具体案例的情况。在这种情况下，很多构造设计与材料选择都是在工厂进行的，而非项目现场。

传统工艺所面对的社会条件早已物是人非，强行使用会显得不合时宜。但它会成为我们设计的借鉴与来源：比如插件家预制板材的偏心钩锁扣连接，很类似于传统的木板榫卯连接节点。

我们有一款皮包，皮质和制作工艺需要通过手工来压制，而用来压制的木头模子

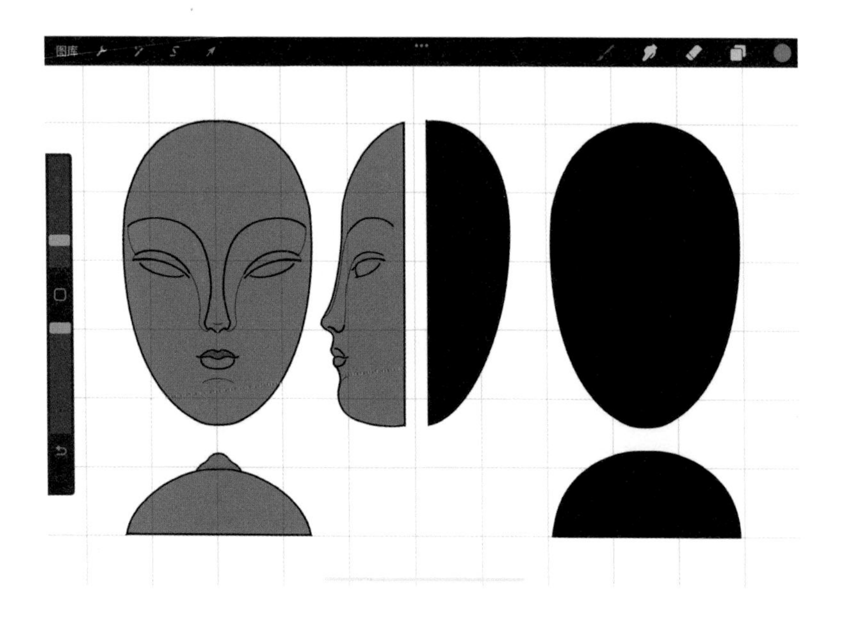

是由我们在电脑里用 3D 软件建模，再经由木雕工厂 3D 雕刻出来的。

Signature Sofa_back
© Louis Vuitton Objets Nomades × Frank Chou Design Studio

我觉得设计跟艺术是有本质区别的，它的出发点和目的决定了它们本质上的区别。艺术是试图去向人类揭示问题，而设计是解决问题，所以当你想去解决问题的时候，事情就变得异常复杂和艰难。只是提出问题，相对来说在执行层就没有那么困难，但是可能提出一个有价值的问题，或尚没有人想到的问题，就变成了挑战，而艺术正面临这方面的挑战；设计其实并不承担直接去提出全新问题的责任，但是执行的时候就会很困难。

这种变化当然会影响我们的设计实践。但从底层的逻辑上来看，它还是很正常的设计的使命意义、状态以及价值，它就是需要面对每个时代的新技术所带来的不确定性，包括思想，然后以一种无知者无畏的状态尝试去提出解决方案。

我觉得对于科技发展，我们最大的挑战是如何去真正介入，和将科技的这种能力有机而自然地整合到设计的背景以及实现方式中来。因为它是新兴的一个板块，而这个板块在新兴的时候，往往与其他的板块没有很好的融合度，这个可能是我们要去思考解决的最重要的一个问题。所以当你只能接触到皮毛的时候，你也很难应用好它。那当然我们要积极地去面对、思考和学习，可能才能解决这个问题。

022397BLUFF 品牌大量使用传统手工艺苗绣作为主要元素，传统苗绣的刺绣方式制作时间长、成本代价高昂，相较更难量产化，并且苗绣与众多传统手工艺一样，与当今社会和市场存在某种脱节，苗绣更多是在苗族人传统服饰与旅游纪念商品中被使用，但在我们的生活中会穿着的比例却是非常之小，由此这个脱节与落差也给生产的配合带来了些许阻碍。

例如在我们和国家非物质文化遗产传承人的绣娘工坊的合作中，她们需要磨合我们的创意模式与生产方式，我们也需要思考如何保留本属于她们的工艺与文化，并还给她们自己去创作和表达，所以，我们衣服中的刺绣纹样都是由绣娘自己绘制和配色，我们仅仅是在设计中留出需要刺绣的区域，让原生的刺绣保持它原本的样貌与味道，让她们也参与到设计的一环中，自己去说出属于她们自己的故事。在一开始运用苗绣做设计时，原本打算将苗绣图案也设计好，再交给绣娘进行指定位置的刺绣，但后来觉得可能更好的是让绣娘自己去设计要绣的图案和纹样，不去纠结我要的纹样和刺绣风格，避免会钻入刺绣的配色、排版或是图案元素的比重这样的细节里去，因为她们才

是最了解苗绣和苗族文化的人，将创作交还给她们，我们觉得这富有诗意。这是当时在决定让绣娘们自己去自由发挥刺绣后我写下的："把创作的最后一步交回给绣娘，取之于绣娘，又回到绣娘，她们也完成了我们的整体设计，她们也是我们服装的设计师，她们用她们融进血液里的花纹图案，再给出自己的故事。我在说我的故事，最后其实是她们的故事。"

所以和绣娘的合作，我仅仅是划定需要刺绣的位置，告诉绣娘们在衣服的哪个部位、哪个位置去进行刺绣，但是我并不会规定和限制她们刺绣的纹样和图案，而是由她们自由发挥和配色，所以我们的同一款式中，每一件衣服上的刺绣图案和配色都不完全相同。

并且我们需要克服量产问题，如果订单的需求量增多，绣娘可以迅速培训更多的绣娘，这是一个可复制且高效配合的生产模式。如果有更多的相关政策的扶持与鼓励，相信也会让这一壁垒变得更加容易跨越。

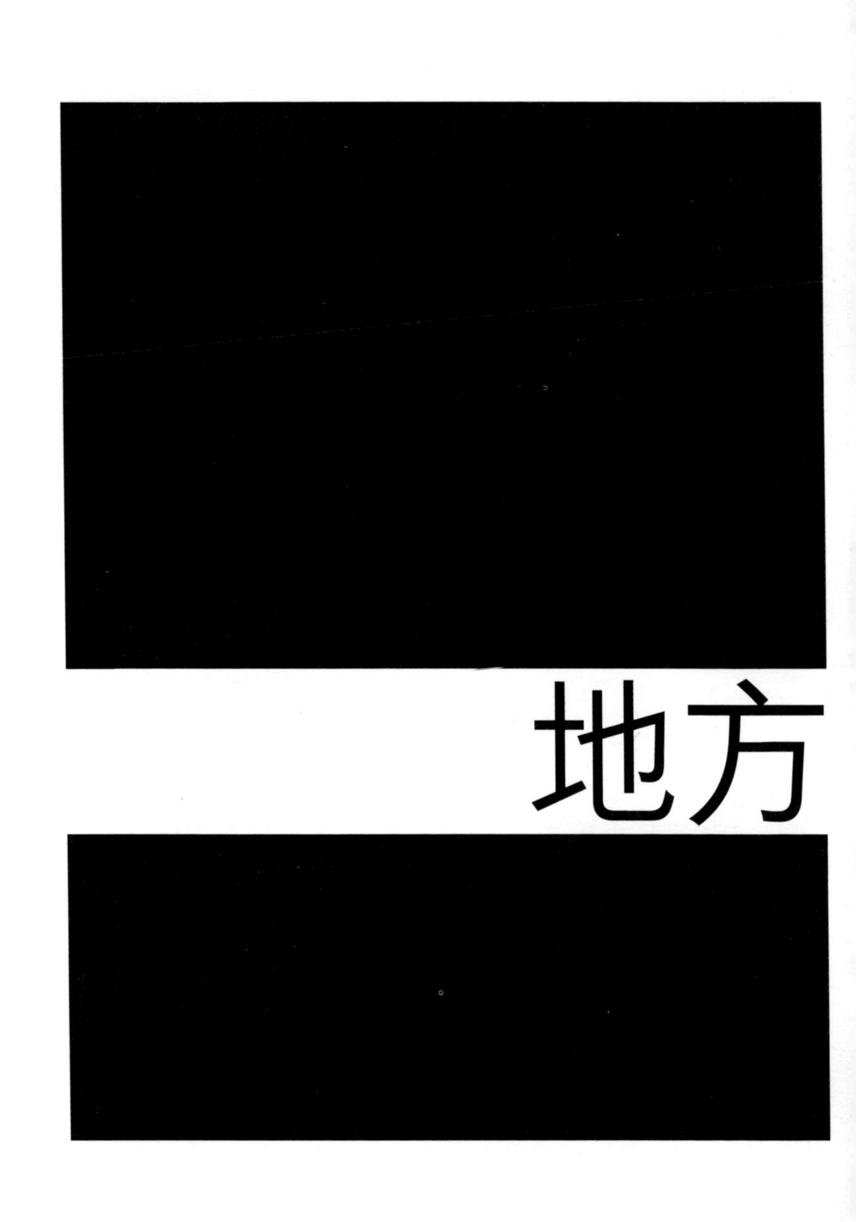
地方

Q4

与世界：

在新冠肺炎疫情发生之前的三四十年，世界处在激烈的全球化运动之中，而设计作为一项建立自西方的学科，诸位也往往有着丰富的"全球化经验"。然而，在今天剧烈变化的时局之下，

你又如何去看待和处理"地方／地域性"这一议题？

OPEN 建筑事务所：真实的建造本身就是地方或地域性的，它离不开那片土地，和那片土地相关的一切。但设计背后的那个思考的大脑，不会是一个简单的地方性的大脑。

STUDIO DPi：

在社会文化背景不同的情况下，不是说中国设计师就一定要用中国传统的文化元素才能体现其地域性。地方与世界并非对立关系，“地域性”或者说“在地化表达”的背后其实也是为了开放与连接。

Nothing：

体验最终回归五感，在这方
一物种还是很像的，如果没
贸易限制等壁垒，通常有体
在世界各地都会受到欢迎。

李晓东：
所有的建筑都应该是地域的。而这个“地域”是个广泛的概念，它不是对于一个地域的简单形式上的或是符号式的解读，而应该是一个地域状态的全方位解答。

NAN KNITS：

新的变局未尝不是促进发展的转机呢。把握好平衡，探索新的机遇，或许能让品牌以及产业更长远，更优质，更可持续地发展。

Studio KAE：

长久以来我们一直着眼于地域性设计，尝试用跨界的设计角度看待手工艺在后工业时代的转变和融合。

类作为同
各、法规、
值的产品

西涛设计工作室：地域
固的，过于强调地域符
在现在看起来是有点
佛是悼念式的，也有可
一种停滞性的自我认同

Atelier V&F：

很多强调地域性的思维并不开阔，其实我们更多地去了解世界，才能慢慢地挖掘自我或者地域属性。

卜佳新：

每个地方都有它的可爱之处！我们就只要保持对周围环境的观察就很好啦，用各自的语言来表达！

刘珩：

建筑设计最终还是要回归到地方性
回归到一个地方特定的气候条件和
周边环境的特殊性，以及由这里的
一方文化所衍生的空间价值。

性不是凝
号的表达
怪的，仿
能会形成

AIM 恺慕建筑设计：

去区分"这里"与"那里"、"地方"与"世界"已经成为过去。现在我们活在一个连接的共同体中。

陈旻：我想说地域性很重要，它是对抗同质化的重要依据，然而在急剧分裂的当下，我也时常会怀念起"地球村"的时代，

凝聚了集体记忆和情感的团结之美同样令人动容。

建筑营设计工作室：

正是一个个不同的、充满特色的地方，才构成一个丰富的美好的世界。

李希米：

如今的地域性，既有全球化的共通之处，又保留着蕴藏在地域中的文化习俗、生活方式。有趣的是我们会发现，大家都有种相通的全球化审美，能够彼此欣赏。

Ming Design Studio：

我们拥有的独特文化背景和生活习惯是极其可贵的财富，它会给我们提供更多元的视角和理由去设计、创作。

Moi Design Studio：

尽管有诸多限制和不便，我们还是坚信走出去才会有出路。

ONOAA STUDIO 建筑室内设计事务所：

越是创造贴近自身的东西，越能激发人们的使命感，设计才能生根发芽，持续下去。

Ponder.er：

好的设计能把世界各地的人民聚集起来，我们也寄望品牌能建立一个超越地域界限的共同体。

裸筑更新建筑设计事务所：

全球化因为地域性而饱满，地方性的设计因为全球化的格局与视野，而真正可以长久地屹立于民族之林。

斤远：

……（我的）大多数讨论都是围绕着“人”的，人构成了地方。这样的讨论和实践多了，使得我不习惯从“全球”的尺度去切入问题。

Order Studio：

在既有的厚重和历史之间，我们在尝试构建新的当代的设计语言。

Chaos Programme：

除了地域性这个比较宽泛的议题，我们更多地是考虑如何让地域性成为项目的独特性。

聂若涵：

地域性成为了设计师们的一种自我身份认同。

studiososlow：

全球化运动必然会带来文化冲突与碰撞……我们有且只能去做基于当下生活本身的东西，并且警惕对于地方的一种狭隘的脸谱化的解读。

土上工作室：

在工作过程中，我们并不刻意追求“地方 / 地域性”这一概念，我们更关心的是如何做出个适宜的好房子。

方书君工作室：

可能在创作的过程中，“地方 / 地域性”是不存在的。我们更多是把“地方 / 地域性”作为讨论与传播过程中的一个话题切入角度，而非一种立场。

水雁飞：

在我看来，当下“地
地域性”的议题不
理性的，而是你
取得一种与世界的
(coevalness)。

众建筑：

今日的背景下，我们更加感兴趣于如何以全球化的技术与视角去面对地方／地域性的问题，而非以地方／地域化的技术与视角去面对全球化的问题。

周宸宸：

只有依托着全球化这样的一个背景，曾经只从属于一个很小地方的事物才能够被全人类所认可和接受。

022397

方／
是地
如何
共时

贵州是我创作的重要起点，但相反这一地域带来的应该是飞向更远，而不是地域性的限制，我带着“我自己”，总能回到“我自己”，因为那是组成我丰满我的地方，是特色鲜明的，

所以我敢看到世界。

在较小的范围内来说：这场疫情把我们带回了家！在所有的不方便中，加速了几乎所有地方的工作和生活能力。其结果似乎是工作和生活的进一步融合。疫情使得我们更加珍视这两个空间，同时也赋予了我们同时拥有两个空间的可能性。

在更宏观的角度上：我们的生活进入了一个减少出游的阶段。国家也将注意力集中在自己的价值观、传统、地貌、成就和民众上。

换言之，这是一段自省的时间，促使我们在身边可触及之物中寻找灵感。

去区分“这里”与“那里”、“地方”与“世界”已经成为过去。现在我们活在一个连接的共同体中。

很多强调地域性的思维并不开阔，其实我们更多地去了解世界，才能慢慢地挖掘自我或者地域属性。野口勇是很好的例子，几乎全世界优秀的博物馆或美术馆都收藏了他的作品。因为他是“东方”的代表，同时也是具备世界性的艺术家。他的灵感来源于全世界，交融之后，他以一个具备地域性身份的角色输出的作品也有很强烈的东方诗意。

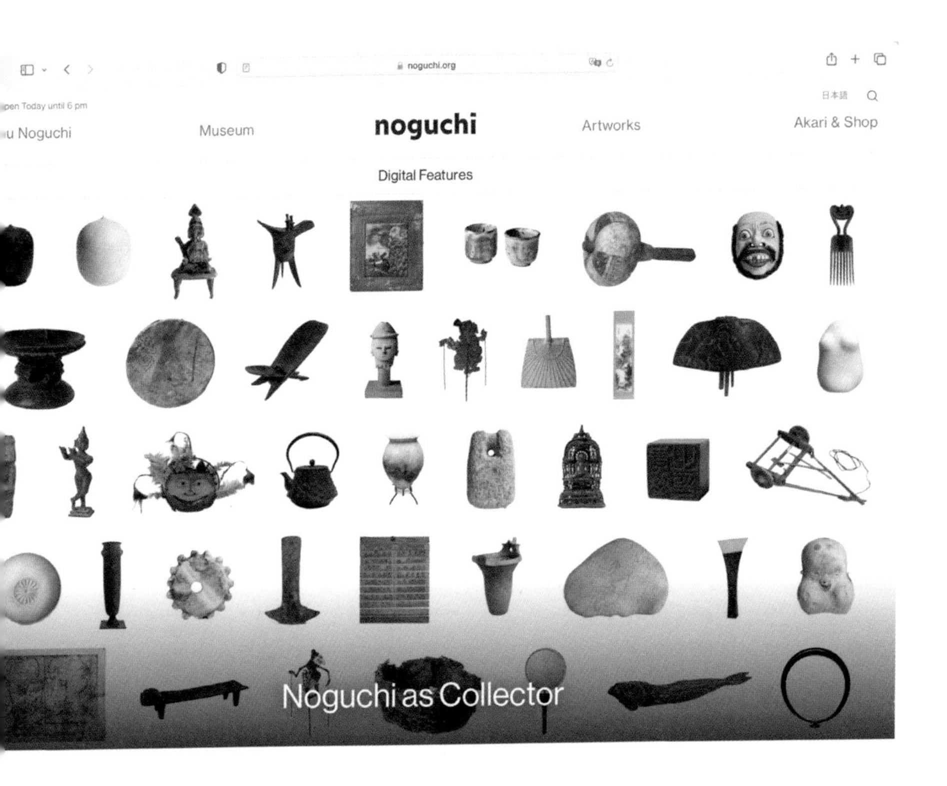

The Noguchi Museum 野口勇博物馆（纽约）官网展示艺术家的收藏与灵感来源

每个地方都有它的可爱之处！我们就只要保持对周围环境的观察就很好啦，用各自的语言来表达！

项目名称 : bund bar；摄影：朱迪 ZhuDi @ SHADØO PLAY

场地是设计中至关重要的考量因素，我们需要了解当地的文化、建筑的历史等等，然后将它们转化成设计语言。我们有个项目在上海外滩的一幢历史大楼顶层，其中，水磨石作为建筑材料在 20 世纪 30 年代被广泛应用。而我

们则运用新的工艺和颜色重新制作了水磨石，并以此作为媒介桥接这段上海独有的 Art Deco 历史。在当代设计语境下，设计的形态越来越丰富，地域性可体现于材质、空间、结构等等。但是除了地域性这个比较宽泛的议题，我们更多地是考虑如何让地域性成就项目的独特性。

这似乎是个关于 identity（身份）的问题。前三四十年的全球化运动大有断层之势，时代已经在回答这个问题，会比我的臆测要有力得多。我常常会想，英雄到底要不要问出处呢？我觉得人总是有根基的，这体现在其生活的方方面面，在携带个体烙印

的艺术和设计中就更明显了。我想说地域性很重要，它是对抗同质化的重要依据，然而在急剧分裂的当下，我也时常会怀念起“地球村”的时代，凝聚了集体记忆和情感的团结之美同样令人动容。这也算是我最近的困惑吧，被迫的全球化和地域性终究都不是自然的存在，而我个人还是会集中精力，去践行“道法自然”的设计理念。

由 Loewe 发起的共创项目作品：日珥（在西班牙传统的炒栗子陶罐上再创作，结合中国竹艺的作品）；该系列在苏富比拍卖现场。

摄影：Alvaro Tome

还是聚焦处
题吧。正是一
充满特色的
一个丰富的美

好地方的问
个个不同的、
方，才构成
好的世界。

靳远：（指着地图）那次咱们去你们村儿玩，是这里吧？明天我和陈利去西边西樵的太平村，很近。
颜〇：对的对的，太平我也熟，隔壁有个平沙岛。
靳远：太平村里的菜市场找咱们改造，太平有啥神奇的事情不，有啥咱们需要知道的？
颜〇：好像鸡也挺好吃的。

颜〇说的“鸡也挺好吃的”，语境是我们在黄涌村盯工地时，每顿都在村里的这家农庄吃鸡。^
摄影：多重建筑 计少敏

顺德私宅项目：老宅拆除之前的留影 ^
摄影：多重建筑 陈利

乐从镇街景，一种珠三角城镇典型的“拼贴性”。^
颜〇家附近的村子，在佛山南海九江镇。这块木板柔中带刚，很像你面前的这张桌子。^
摄影：多重建筑 陈利

昨天看一个项目下来——广州一条老街夹缝里的一个房子，讨论了“建设后如何处理邻里关系”：周围的人有多少是世代生活在这儿？多少是流动人口？使用者的生活圈子如何？消费水平如何？使用者为什么选择这个街区？他们的熟人大致分布在多大的半径内？……大多数讨论都是围绕着“人”的，人构成了地方。这样的讨论和实践多了，使得我不习惯从“全球”的尺度去切入问题。人与地方的力量是非常具体的，所以我更好奇的是，当“人与地方”自下而上地发力时，会对外界产生什么影响？

《广州府舆图》，绘成于康熙二十四年（1685）以后，
雍正七年（1729）以前。

首先，所有的建筑都应该是地域的。而这个“地域”是个广泛的概念，它不是对于一个地域的简单形式上的或是符号式的解读，而应该是一个地域状态的全方位解答，包括材料、生活方式、气候条件以及文化，它是一个综合的状态。所有的建筑在可持续的前提之下，必须都是一个地域的解答，这个是毋庸置疑的。传统的现代主义把全球化与现代化等同在一起，其实这一点在 20 世纪三四十年代就被讨论过，就是“现代化”一定要叫做“国际化”——international style，但“international style”本身必须具有地域性和接纳性，这一点实际上也在 20 世纪三四十年代就都已讨论过了。

刘易斯 · 芒福德(Lewis Mumford)关于地域主义的批判性里面就说过：真正的地域性建筑、全球化的建筑，应当具有地域的可接纳性，才叫全球化建筑，或者叫国际化建筑。其实我们很多的后来人也都曲解了(他的意思)，就是把这种形式上的全球化与地域化区分得过于清楚——实际上这两点并不矛盾，地域建筑也可以接纳全球化的技术，从而完成对地域建筑的一个地域环境、地域生活方式，包括生产方式的全面回答。

© UKstudio

从前的全球化仍然由于地域性而呈现出信息接受程度的差别。但如今整个世界已愈发趋向扁平，当信息传播越来越迅速时，城市之间的信息共享加强，地域性的边界感也同时变得模糊。因此如今的地域性和以往其实有相当明显的差别。信息全球化之前，人们会发现地域限制让文化理解的门槛变高，身处陌生环境时只有深入了解地方文化这一条路径。

全球化则打破了这一桎梏，如今的地域性，既有全球化的共通之处，又保留着蕴藏在地域中的文化习俗、生活方式。有趣的是我们会发现，大家都有种相通的全球化审美，能够彼此欣赏。我们能将这种地域特色加以提炼，将审美的共通性植入不同地域的文化之中，进而演变为一种共识，成为全球化的审美语言。

URBANCRAFT，
X/Y Shelf
摄影：Boris Shiu

建筑设计永远与地方性的问题相关。如今对于原型的研究也是建筑学中备受关注的话题，实际也会运用到大规模的建设中，但这些原型通常很难与其所在地产生紧密的联系。建筑设计最终还是要回归到地方性，回归到一个地方特定的气候条件和周边环境的特殊性，以及由这里的一方文化所衍生的空间价值。

酷山水：地表的记忆——深圳宝安桥头村的公共步道观念景观

项目所在地原为自然河段，后被市政建设改设为暗渠。我们通过设计转译，在暗渠之上重新植入一条静止的人工“河涌”公共步道，用全新的显性语言重新唤起对曾经的地表记忆和原有身份的追溯，寻找其在景观建筑学和社会学意义上的双重可能性。

酷山水鸟瞰 © 张超

虽然设计这门学科是在西方文化中系统建立起来的，但西方文化与全球的经验实际上也有着巨大的差异。全球化的经验让我们看到了一些技术上的共通之处，而不同的文化传统也在随时间而变化。如今的许多建筑师具有全球性的经验，也有地方性的基因。所以我并不觉得地方和世界是对立的，它们之间反而是一个相互融合渗透的过程。

福田婚礼堂

位于福田区香蜜公园内的婚礼堂承载了官方婚姻登记处的功能。我们将“一纸之诺”的美好，用空间的体验延长迂回，借助中国园林的构景手法，营造步移景异、渐入佳境的理想境界。中式与西式礼堂成为这组建筑中最重要的两个仪式空间：中式礼堂采用传统中轴对称布局，围合空间以月洞门作为厅堂入口；西式礼堂简洁尖顶的空间象征纯洁和敬畏，与广阔的湖面浑然一体。

夜幕下的中西婚礼堂 © 张超

地方与世界的关系，一定是"融合"。我们如今身处的时代，是以全球连接为背景、地方特色为支点的多元融合。比如，在安吉——一个典型的浙江地方乡村，我们在那里完成了两个项目：伞骨道和安吉长卷。

伞骨道，是由 50 个伞骨朵组合而成的一条村路，我们用现代木构的建造方式来表达"村里的一把伞"。安吉长卷位于安吉的一个景区入口处，也是用现代的钢木建构，表达一排在乡村中的"广告位"和"入口地标"。

类似的实践案例还有很多。在没有做"原力飞行"之前，很少有咖啡店表达"节点"和"模式转换"；在没有做"光廊"之前，户外雨棚大多是有机玻璃板搭接一下；在没有做"菜场"之前，很少有菜场会用在地的竹篱麻布材料作为烟火气的表达。

这些实践项目支撑起了裸筑的设计价值观。全球化因为地域性而饱满，地方性的设计因为全球化的格局与视野而真正可以长久地屹立于世界民族之林。

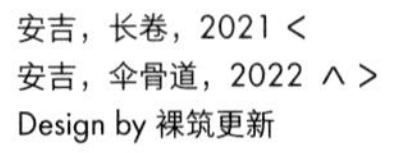

安吉，长卷，2021 <
安吉，伞骨道，2022 ∧ >
Design by 裸筑更新

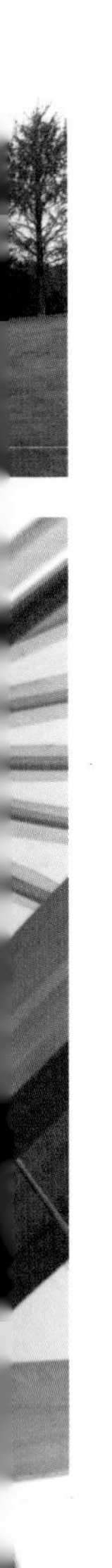

具有地方和地域性的设计是一直存在的，只不过全球化让地方性变得更为人所知。我们拥有的独特文化背景和生活习惯是极其可贵的财富，它会给我们提供更多元的视角和理由去设计、创作。当然，产出一件优秀的作品是极具挑战的，要经得住时间的考验和消费者的推敲并产生真正的影响力，也需要更为长期的探索。

对于材料而言，内部的应力问题可以因为一点额外的外力而爆发。今天全球化背景下爆发的各种地域性问题也少不了各式外力的叠加作用。一个无孔不入的坚硬外壳并不是受力的最好载体，保持流通反而给予内外力量平衡的通道。尽管有诸多限制和不便，我们还是坚信走出去才会有出路。在过去的几周，我们已经开始恢复国际差旅去维系因疫情而中断的海外项目，并和客户一起规划未来新的发展方向。同时在不同的环境感受复苏的气息对于自身而言也是希望和动力，积极的心态和行动力是我们目前可以自己调整并实现的，也是现阶段我们觉得最可行的措施。中国人常说以不变应万变，此时此刻或许可以试试以万变应不变吧。

在新冠肺炎疫情暴发之前，东莞已经出现工厂向部分劳动力成本更低的东南亚国家转移的现象。一方面，市场的活力让工厂有做不完的订单；另一方面，往劳动力成本更低的国家去，长此以往有更多的利润和更大的发展空间。受此影响，许多有一定技能的师傅都跃跃欲试，到异国他乡谋求一个领班或者主管的职位，即便生活条件差一点，拿到手的现金却翻了一番。然而，新冠肺炎疫情的暴发改变了这一进程，国内在严防严控之下，工厂迅速恢复生产，封控之后的“报复性”消费也给市场带来短暂性的春天。然而疫情的反复还是给中大型城市的线下零售造成了巨大的打击，许多服装品牌，无论大小业绩都遭遇了“腰斩式”的下滑，这也导致了工厂订单的大量下滑。有的工厂不得不给工人放假；因为“短暂性失业”，一时间东莞街头跑滴滴的师傅增加了许多。品牌作为连接消费者与供应链的渠道，面对时局带来的压力，不得不更加灵活地应对。然而，如何灵活才能在这种变动不安中生存，甚至是发展呢？我认为在疫情危机之下，很多公司不再像以往一样，追求量大、规模大；更加精简、更加灵活，在如今变得格外重要。我们作为一家刚起步不久的品牌，在东莞自建了版房，从打样到联合工厂生产，我们一直都在探索一个更加灵活与平衡的方式，去面对市场的需求，合理地支配供应链的资源。新的变局何尝不是促进发展的转机呢？把握好平衡，探索新的机遇，或许能让品牌以及产业更长远、更优质、更可持续地发展。

地域性对于当代的
着时间的流逝和中
长，慢慢淡出了我
在可能更在意观
不太标签化设计师
域性就成为了设计
份认同。

我们，可能确实随
本土设计师的成
的议题。大家现
输出、品质做工，
背景了。恰恰地
们的一种自我身

工业设计（产品）特点是量大、提供用户体验。而体验最终回归五感，在这方面人类作为同一物种还是很像的，如果没有价格、法规、贸易限制等壁垒，通常有体验价值的产品在世界各地都会受到欢迎。另外，媒体、国家的合作已经将世界连通，潮流往往是从一个地方发起，然后逐渐蔓延至世界各地，只是时间先后的问题。当然，在这其中文化塑造的体验习惯是一个很大的变数，就像是筷子和刀叉，有着几乎绝对的地域文化特征。所以在设计中，设计师要走到用户中，感受他们的需求和文化。

我觉得可以表
域性”的是“抟
特性”。越是
的东西，越能
命感，设计才
持续下去。

达“地方／地
续性”与“独
造贴近自身
发人们的使
能生根发芽，

真实的建造本身就是地方／地域性的，它离不开那片土地，和那片土地相关的一切。但设计背后的那个思考的大脑，不会是一个简单的地方性的大脑。那种独特的思维所拥有的深度和广度，决定了设计的走向和可以达到的高度。

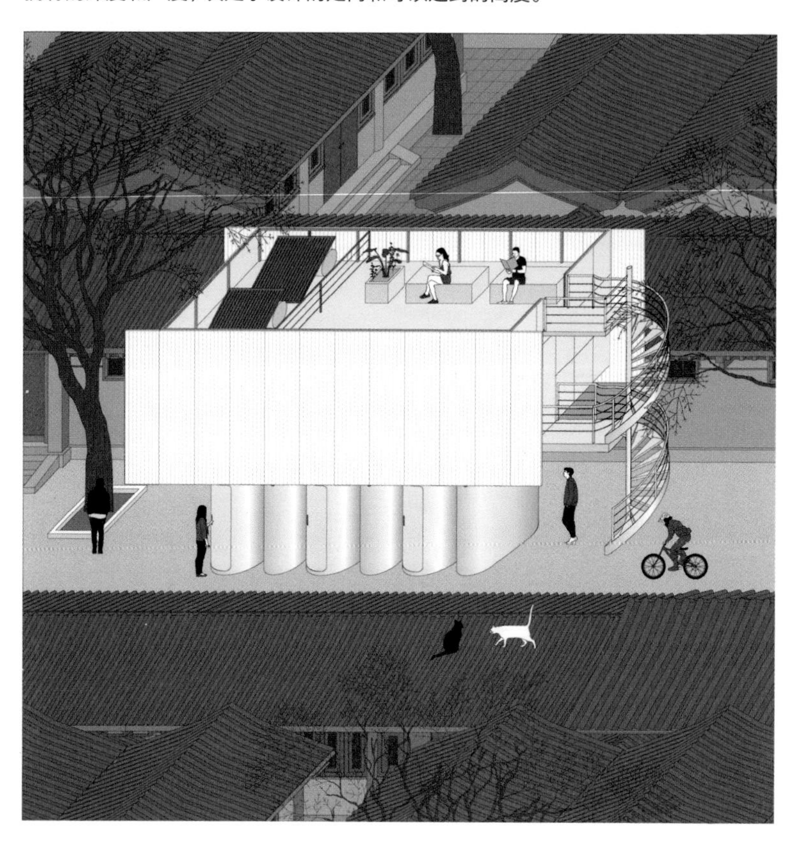

每个人的城市 OPEN Metropolis

“每个人的城市”是 OPEN 建筑事务所发起的一个城市研究与设计项目，旨在通过“以空补缺”的策略，来推动北京及其他城市成为真正的“每个人的城市”。建筑师李虎和黄文菁带领事务所的年轻同事从每个人实际生活中的种种不便和问题出发，聚焦安定门与望京两个地区展开田野调查和城市设计，面对八个北京城市痛点，提出八个解决策略。

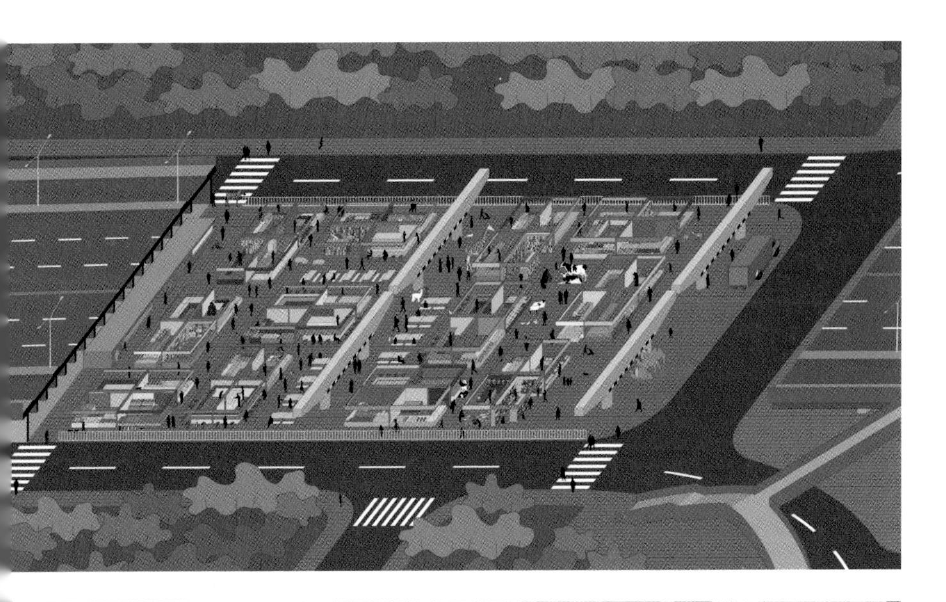

作为年轻一代的设
与义务传承深厚的
园林和山水文化。
始人柳亦春老师提
堂记》、刘禹锡的《
文人都在寻求一种
在既有的厚重和历
尝试构建新的当代

师，我们有责任
方文化，比如说
像大舍建筑的创
的白居易的《草
室铭》，这些古代
与自然的共情。
之间，我们也在
设计语言。

我们在创作过程中，很少会因为个别地区的性质而决定作品的走向；但不能不正视的是，每个地方都有不同的文化，以及对艺术创作不一样的理解和包容性。因为疫情的关系，能吸收不同文化背景的客户和观众反馈的机会变得更珍贵，但我们相信好的设计往往都能跨越时间和地域的考验。新冠肺炎疫情对全球的影响十分深远，在现在全球疫情慢慢受控的时间点上，好的设计能把世界各地的人民聚集起来，我们也寄望品牌能建立一个超越地域界限的共同体。

现在真的困难不是资讯的共享，别人能做，我也可以做。最大的困难在于你就像在迷雾中奔跑，看不清也来不及审视过去 30 年超速的状况。你很容易摇摆，要么迷恋过去，或者就妄言未来已来(Sinofuturism)。在我看来，当下“地方/地域性”的议题不是地理性的，而是你如何取得一种与世界的共时(coevalness)。

增生，贝类吸附于石块上呼吸，摄于 West Haven Beach ∧
Double-Sided Teapot with Tree Peonies，摄于 The MET >

我们工作室好像并没有过多考虑“地域性”这个问题。一方面从大的角度来说，即使使用同样的设计灵感网站、同样的图形元素、同样的 Helvetica 字体，一个中国设计师和一个美国的、瑞士的、日本的设计师所做出来的设计肯定是不同的，因为社会文化背景就已经非常不同，不是说中国设计师就一定要用中国传统的文化元素才能体现其地域性。

另一方面从我们具体的项目角度来说，这两年，很多项目委托方其实都或多或少地强调，希望设计能体现“在地性”，不管是文化、民宿、零售品牌，都是和不同的生活方式紧密关联的。对于我们的设计工作，这就是发掘生活，挖掘每个项目的差异性。我们思考更多的是，如何把这种地方属性和特质提炼转换成更当代的语言形式，去连接更多的受众。它可以是平面视觉形式的提取，也可以是手工艺和新型材料结合的再使用，或者公共的应用模式等。

地方与世界并非对立关系，“地域性”或者说“在地化表达”的背后其实也是为了开放与连接。

可能在创作的过

性”是不存在的，

作者带着这样的前

适。似乎每个时代

的变局。我们更多

性”作为讨论与传

题切入角度，而非

中，“地方／地域
们也认为如果创
是去工作不一定合
都会面临每个时代
是把“地方／地域
过程中的一个话
种立场。

长久以来我们一直着眼于地域性设计，工作室往往奔波于上海和景德镇之间。在上海往往能看到全球化运动下的设计多元化；在景德镇则能发现在地手工艺的独特魅力。例如 layer Glazing 花器，它是对中国传统镶器工艺的现代化演绎。观者沿着容器的瓶

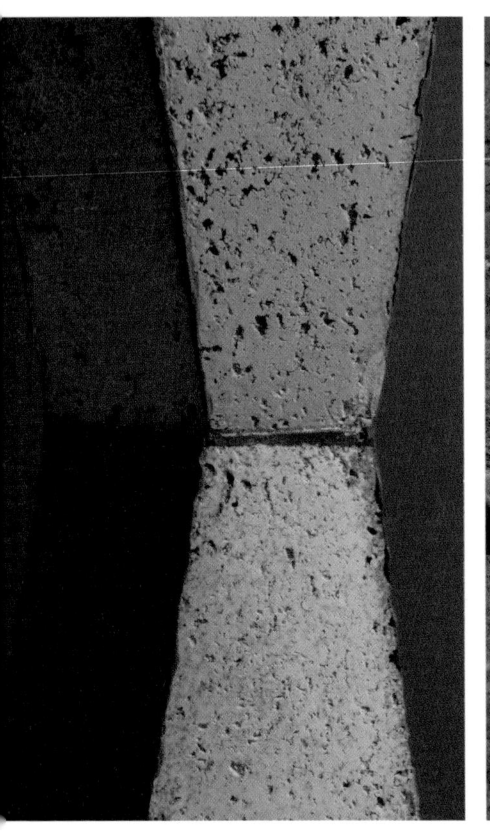

口处可以看到横截面是一层层犹如胶合板一样的色条，每一个色块的泥版都运用镶器技法两两镶嵌在一起成型，是我们对传统陶瓷技法的理解与试验。

还有 Catalyseat 染瓷凳 : 从扎染实验到转印着色；从织物探索到瓷土成形。我们尝试

从跨界的设计角度看待手工艺在后工业时代的转变和融合。扎染作为古代染色工艺之一被广泛用于衣着服饰，为了使扎染具有更多的功能性，我们尝试让陶瓷作为布艺的载体，将织物扎染后留下的褶皱形成的自然秩序体现到高白瓷坯体表面；织物颜色

晕染到表面上的微妙变化，又能让人自然地联想到东方水墨画。同时，为了让陶瓷拥有自然的形体表达，我们用设计的坐具将两者集成在一起。坐椅的形体表现在保证舒适性的基础上遵循材料的属性，曲面和弧度皆由陶瓷高温软化后自然形成。

设计作为一项“现代学科”，也许是由西方建立而来的；但以设计最简单的定义“有目的的创作行为”而言，它其实自人类开始活动便存

Vase Ear 在金陵东路

Plastic Sea 系列在上海金陵东路待拆迁区，该系列与金陵东路同样是基于一种重组、再造的状态

在，也就是说，设计存在于历史的各个角落，并不具有地域性的划分。而地方与地方之间的冲突，其实是来源于文化脉络、意识形态与

经济利益等方面，在目前的西方世界主导背景下，对于中国设计来说，唯有不断地去创造与发声。全球化运动必然会带来文化冲突与

Cashew 壁灯在金陵东路

金陵东路待拆迁区里的城市肌理

碰撞，作为中国的设计师，我们能且只能去做基于当下生活本身的东西，并且警惕对于地方的一种狭隘的脸谱化的解读。

建筑设计与建造的过程本身就要面对很多当地具体的诸如环境、气候、材料、造价、施工组织方式等因素的影响，在这些因素和空间品质之间找到恰当的平衡是我们关

注的重点。如果我们的设计表现出了某种“地方／地域性”的特征，那它可能更多地是以一种结果的方式呈现出来的。在工作过程中，我们并不刻意追求“地方／地域性”这一概念，我们更关心的是如何做出个适宜的好房子。

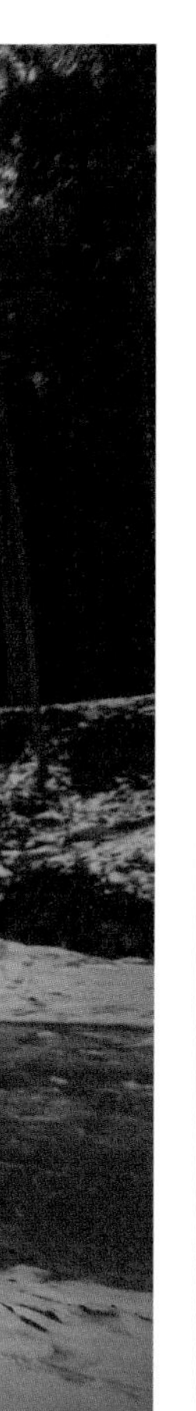

这三年，大家都经历了一个忽然变得内向的世界。当街道空了，公共场所关闭了，每个人都发现自己长时间地待在了室内，并开始重新审视居室和内部空间。

几年前，我画了几幅小画，试图去描述一个由无数物体组成的生活世界，建筑的外壳消失了。这两年重看的时候，发现似乎也暗合了现在的情形——每个人都分离在家里跟自己的物件待在一起，而设备和电器把我们的内部世界连在了一起。

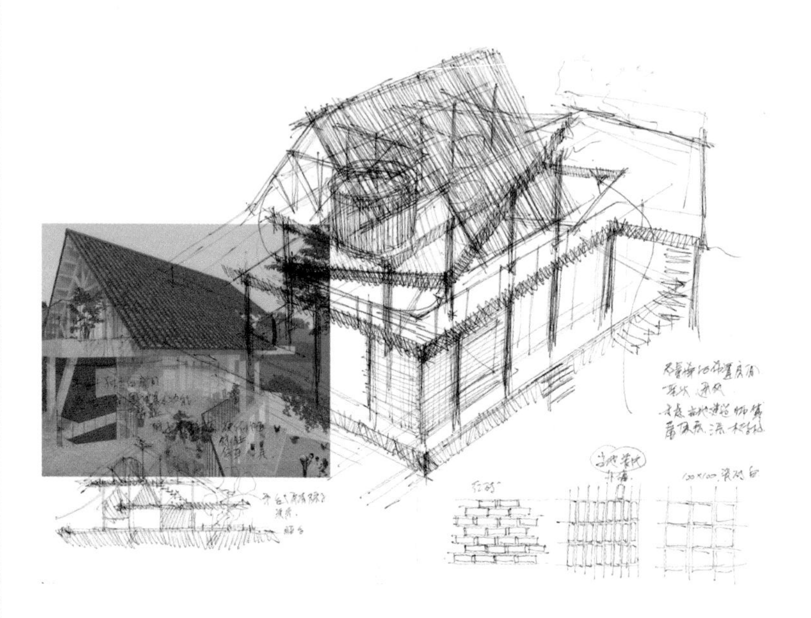

可以说在当代，隔离也不可能形成一个休止式的地方性了。每个地方都有自己独特的集体记忆和经历，但同时也在迭变和流失。地域性不是凝固的，过于强调地域符号的表达在现在看起来是有点奇怪的，仿佛是悼念式的，也有可能会形成一种停滞性的自我认同。

我自己对于这个议题没有能力回答，借用 Steven A. Moore 提出的“再生的地域主义”概念：在对地方场所的日常性感知和实践基础上，探索文化生态的持续进化，持续地重构历史和地域。

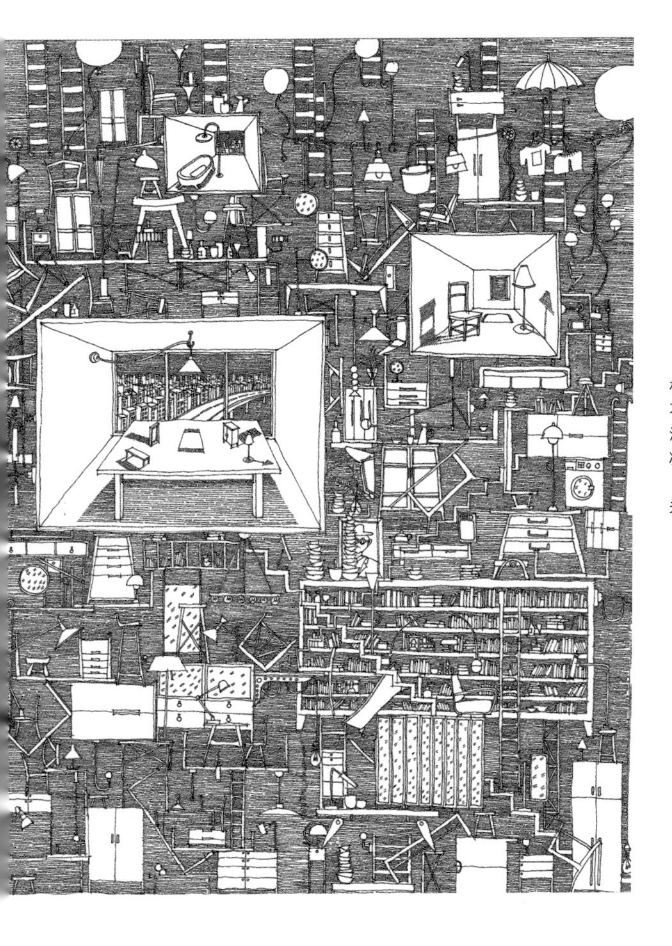

村里做房子，很快发现木结构已经不是一个当地适用的建造方式了，没有工匠、造价高昂。还是改成混凝土框架结构吧。<<

关于物体组织空间的画 <

全球化仍是解决很多人类问题的方法。
今日的背景下，我们更加感兴趣于如何以全球化的技术与视角去面对地方 / 地域性的问题，而非以地方 / 地域化的技术与视角去面对全球化的问题。

举例来说，插件家不仅能解决中国江西景德镇传统坯房再用的问题，形成新的地域性，也能解决美国奥斯汀无家可归者的居住空间问题。社群式的插件家带来新的地方性。

景德镇插件家 <
奥斯汀流浪汉插件家 ∧

我认为现在的全球化“降温”的趋势只是阶段性的，如果我们放眼人类发展的历史长河，人类从三五成群到部落、到城邦、到国家，包括更广泛的联盟，甚至超越物理地域界限的这种融合是必然的趋势。而且人类现在所面对的问题也只有通过全人类共识下的努力，才有可能被面对和解决。所以从文明进化的角度来看，现在只是短期的一

个波动，人类一定会向着一个更加全球化和融合文明的路径发展。我一直认为这种发展并不是恶性地摧毁了地域性，它一定会让一些可能不那么值得被广泛复制的部分，和没有真正历史价值的一部分地域性的事物被淘汰，但总体而言，只有依托着全球化这样的一个背景，曾经只从属于一个很小地方的事物才能够被全人类所认可和接受。

“Create Cures 创造治愈”是由 Frank Chou Design Studio 创始人周宸宸联合多位知名设计师发起的一项公益活动，旨在以设计师的方式，促进公共卫生的发展。Create Cures 简称 CC，CC 也是在医疗中常用的计量单位，这也是寓意着参与的每个人能够尽自己的一份力，发一点光，成为一个更美好未来的开始。

022397BLUFF 001 THE WALL COLLECTION 所探索与表达的，是我从哪里来，我到哪里去。希望携大家一同探讨那些无形的和有形的墙，那些植根于人性深处的墙，也更是会破会塌的一面墙。而从民族出发，相反想指向的却是打破了墙之后的融合（却不必统一），而非地域带来的限制与固有的根块概念，却又是一种可独立的自由和可保持的自由。在我的设计与创作中，来自不同文化背景的观众和消费者会收到来自不同背景的信息与体验感，但这不是我会去预设与考量的一件事，价值感受也是他们自

己自由获得的。我们常说民族的就是世界的，我认为美的感受是能共通的，美也许来源于各自不同的文化，但从不必去预设背景。

也正如我们的 001 THE WALL COLLECTION campaign film，这个故事的灵感来自古老的民族传统生活日常，也来自 21 世纪自然而然演变而来的现代生活日常。它质疑在一个地理和文化如此广阔和多样化的国家中，“少数”的标签和对立的“多数”的定义。我们邀请了 Joyce NG 编写并执导这部影片。Joyce NG 对古老的苗族文化产生了浓厚的兴趣，并写下了这个穿插在城市和山野中的故事。001 COLLECTION 的广

告大片拍摄于我的家乡——贵州，取景于贵州凯里和贵阳两地，分别构建了城市与山野里的两个平行空间。凯里市位于贵州省黔东南苗族侗族自治州，是一个以苗族为主体，多民族聚居的城市，保留着很多原始的民族村寨部落；同时，作为贵州省政治和经济中心的省会贵阳，象征着少数民族必须以某种方式屈服于现代化。而这个短片

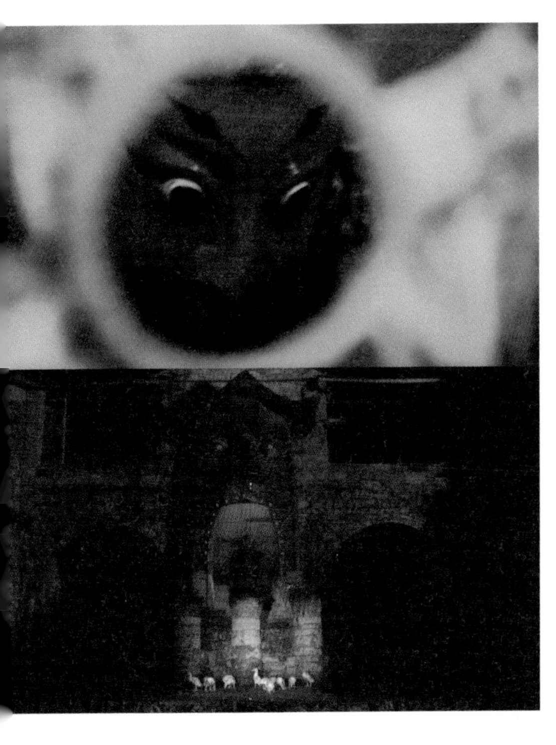

刚好是在疫情中非常艰难地拍摄完成的，原本作为导演的 Joyce 和我都会在贵州与拍摄组一起进行拍摄，但由于疫情政策影响，我身在巴黎，而 Joyce 身在伦敦，我们一起与在贵州的伙伴们远程完成了这个短片的拍摄，是一个特殊的拍摄经验。

贵州是我创作的重要起点，但相反这一地域带来的应该是飞向更远，而不是地域性的限制。我带着“我自己”，总能回到“我自己”，因为那是组成我、丰满我的地方，是特色鲜明的，所以我敢看到世界。

AIM 恺慕建筑设计 AIM Architecture

AIM 恺慕建筑设计由比利时建筑师 Wendy Saunders 和荷兰建筑师 Vincent de Graaf 于 2005 年共同创立，拥有一支对设计充满激情的国际化团队。AIM 的项目范围涵盖综合建筑、室内及产品设计，在理念和实践中追求高度统一性。AIM 总部位于上海，并在比利时安特卫普和美国芝加哥均设有办公室，兼具本土意识与国际视野。AIM 追求严谨而专注的设计，聚焦每个项目的独特性。将设计理念融入环境肌理，平衡设计愿景与可操作性间恰到好处的尺度。AIM 操刀的空间拥有强烈叙事性与高辨识度，大胆、有趣、富有韧性。项目兼顾高度落地性和精致的细节。AIM 探索每一种材料的可能性，全力以赴地投入每一次创造的热情之中。

Atelier V&F

Atelier V&F 由设计师陈福荣和王在实共同创立于深圳，来自设计、艺术和时尚的基因共同塑造着工作室的独特性格。得益于不同的专业背景和经验，Atelier V&F 的创作打破领域与文化区隔，以包容的设计语言完成全新叙事。从诗意的概念出发，结合对多样材料、工艺的钻研，在雕塑、装置、环境与实用物品之间创作游走。作为夫妻设计组合，作品含有细腻的情感力量，回归无用和纯粹的美。

卜佳新 Bu Jiaxin

卜佳新目前在厦门工作和生活，2017 年毕业于陕西科技大学产品设计专业，之后加入设计品牌 WUU 工作四年，2021 年在不断分享嫉妒的聊天中发起 envy envy，开始独立设计和创作。envy envy 作为一个开放的产品设计单位，关注日常生活，对生命特征展开联想的同时把握住产品功能，制造出室内时尚的作品，在消费主义中施展闪电跑法。

Chaos Programme

Chaos Programme 成立于 2018 年，初衷是在喧嚣的世界里寻找属于自己的设计声音，工作范围涵盖建筑设计、室内设计、平面设计、产品设计和品牌咨询。Chaos Programme 强调这样的多样性，它致力于使每个项目都与众不同，并让不同项目相互学习。自成立以来，一直在实践中完成高质量的设计项目，2021 年被评为卷宗 Wallpaper* 设计大奖年度新星。

陈旻 Chen Min

Chen Min Office 陈旻设计事务所由设计师陈旻于 2012 年创立，是一家涵盖产品设计、空间设计、品牌设计及调研、战略、创意指导的多元化综合型事务所。寻找传统与现代、东方与西方的最佳结合点一直是事务所的强项。创始人陈旻先后于德国科隆国际设计学院、荷兰埃因霍芬设计学院、意大利米兰多慕斯学院深造，精通五国外语，曾是 2018 年 Loewe 国际工艺大奖中国地区唯一的入围者，2019 年任 Loewe 国际工艺大奖专家评审。2020 年始为 Design Shanghai 策划主题展区 neooold，展现了国内外设计师传统工艺创新的多重维度，被评价为“设计师里最懂工艺的人”。

方书君工作室 STUDIO FSJ

方书君工作室 STUDIO FSJ 由丁思民、何况于 2019 年创立于微杂院 - 北京茶儿胡同 8 号，是专注于策划咨询、城市、建筑、景观、室内设计、教学和研究的专业合伙人事务所。工作室致力于在不同社会文化语境下、各种尺度与功能的项目中进行基础学术研究，以及空间创新紧密结合的设计实践，精确捕捉时代下每个项目的具体性，坚持以最个人化的表达探索其最大可能空间潜力。

建筑营设计工作室 ARCHSTUDIO

建筑营设计工作室（ARCHSTUDIO）2010 年创立于北京 798 艺术区，主张在实践中保持人、自然、历史、商业的和谐平衡，追寻设计的本真之道，把控从概念到建造的流程，创造基于当代、面向未来的高品质、有情感的空间环境。目前工作室聚焦于自然环境中的建筑、城市建筑更新改造、室内消费空间升级等设计议题。2015 年，建筑营入选美国权威建筑专业媒体《建筑实录》（*Architectural Record*）评选的全球十佳先锋设计事务所。

靳远 Jin Yuan

多重建筑是一家以积极姿态投身当下建筑实践的设计工作室。靳远相信，建筑师须面对的是“多重任务”与“多重思考”：我们应理清每个项目背后丰富的人文与自然条件，才能化繁为简；我们应看到客观世界所蕴含的无限生命力，才能以合适的空间营造给予回应。这种对多元化环境的思考使多重建筑活跃在建筑与景观、都市与乡村、历史与眺望等多个视角之间。创始人、主持建筑师靳远，华南理工大学建筑系外聘设计课导师、助理教授，华南理工大学建筑学学士，莱斯大学建筑学硕士，创立多重建筑前，先后在广州、北京、休斯敦、巴黎、纽约等地进行建筑实践。

李晓东 Li Xiaodong

建筑师李晓东获得多项国际建筑奖项及荣誉：2000 年英国皇家建筑师协会（RIBA）年度优秀教师奖、2004 年美国环境设计与研究协会年度最佳设计奖、2005 年亚洲建筑师协会建筑奖——亚洲建筑金奖、2005 年联合国教科文组织亚太区文化遗产奖评审团创新奖、2006 年美国《商业周刊》/《建筑实录》中国最佳公共建筑奖、2009 年英国“建筑回顾”世界新锐建筑奖一等奖、2010 年阿卡汉建筑大奖、2012 年世界建筑节年度文化建筑大奖，作品桥上书屋被英国《泰晤士报》评为 2012 年世界八大环保建筑之一，同年被美国建筑师协会授予荣誉院士，2014 年获得首届 Moriyama RAIC 国际奖。在建筑理论研究领域提出自省地域建筑理论。2021 年主持设计的深圳国际交流学院获美国建筑师协会未来可持续建筑奖，2008 年主持创立清华大学建筑学院英文硕士项目（English Program for Master in Architecture，简称 EPMA），国际排名第 5。担任 AR 新锐建筑奖评委、阿卡汉奖推荐人、世界建筑节（WAF）Super Jury。

李希米 Li Ximi

李希米为中国美术学院工业设计学士、米兰理工大学家具设计硕士，曾先后跟随意大利设计大师 Andrea Branzi 和 Luca Trazzi 工作。2016 年成立家具设计品牌 URBANCRAFT，着眼于不同文化的冲撞与融合；2021 年推出独立分支 Monochrome，从材料出发探索工艺与设计的融合表达。2017 年成立个人工作室 Ximi Li Design，专注产品与空间设计、品牌创意策划。2021 年发起“设计坐标”概念展，聚焦家具与设计行业的未来可能。2022 年联合发起展览“临时反应 Temp”。

刘珩 Doreen Heng Liu

刘珩，南沙原创建筑设计工作室（NODE Architecture & Urbanism）创始人、主持建筑师，英国皇家建筑师协会（RIBA）特许注册建筑师，哈佛大学设计博士，深圳大学特聘教授。刘珩于 2004 年在香港创建南沙原创建筑设计工作室，并于 2009 年设立深圳办公室，多年来以深港为根据地，在珠三角 / 大湾区及更广泛地区开展着多元化的建筑创作、城市设计研究和实践活动。南沙原创 NODE 坚持对建筑本体的研究和实践，追求在严谨务实基础上的创新；同时也在建筑理念上探索其自身逻辑对跨领域的开放性和兼容性，并以此作为设计的出发点，通过不同领域间的互动，保持自身在建筑设计实践中的前瞻性和实验性，持续追求公共性、社会性、生态及美学上的高度融合。

Louis Shengtao Chen

Louis Shengtao Chen，是设计师 Louis 于 2021 年成立的同名品牌。品牌试图通过对服饰实验性的尝试，对传统奢华进行再定义。摒弃对未来的幻想与过去的执着，从生活的当下入手，正视奢华与实穿的冲突，品牌借由夸张而不设限的配色与非常规面料组合，以精湛制衣工艺作为媒介，汇以戏剧性和故事化的手法，构筑有趣的、触手可得的服饰哲学，将趣味性糅合其中，谱写出庆祝当下的华丽颂歌。

裸筑更新建筑设计事务所 RoarcRenewArchitects

裸筑更新建筑事务所由柏振琦先生于 2016 年创立，以“勇敢和好奇心”作为处事态度，与世界对话。裸筑在历往项目中，尽可能探索、尝试，突破约定俗成的规则，重建一种更有趣的秩序，始终希望成为万里挑一的“有趣灵魂”。裸筑是设计边界模糊的“独立小型事务所”，事务所成员常年维持在 10 人，团队工作状态极其稳定，有能力涉猎从建筑到室内到产品的不同维度。同时，多年的落地磨合经历，使裸筑积累了一群可靠、心智稳定的匠人伙伴，有自己的钢木石实验车间，拥有直接测试、落地创意的能力。这个世界上绝大多数项目千篇一律，而裸筑的设计价值观应该是：更自然的建筑，更善意的空间，更有趣的产品。

Ming Design Studio

Ming Design Studio 由均毕业于艾因霍芬设计学院的黄稚雅与张明硕共同成立于荷兰阿姆斯特丹。工作室致力于将有意义的创新与人文触觉相融合，探索事物于特定语境中的独特识别性与存在感。他们及团队带着好奇心及多年的产业经验做着系统性的跨界设计与研究，其设计服务及研究方向包含家居家具与物品饰品设计、科技产品创新、战略咨询、非遗再造及材料研究等。在与国内外不同的品牌合作中，他们也获得了包括 Red Dot、iF、IDEA、Gmark 等在内的多项产品设计国际奖项。其中 Bold Stool 坐具设计荣获 2020 Dezeen Awards Highly Commended 年度最佳座椅设计奖。

Moi Design Studio

Moi Design Studio 由王旻佳和李乐创立于杭州。工作室专注于家居器物的体验创新，通过重塑物品性格，为生活注入新的情感。2017 年工作室推出自营手工陶瓷设计品牌 moiminjia，以收敛细腻的设计语言和工艺打造可以长久使用的生活器皿。2020 年，工作室推出探索性的分支项目方向 INNERFACE，希望以设计为媒介，发现、感知、探寻及表达生活中不易被察觉的“另一面”。在运作自有品牌和自发项目之外，工作室与不同领域的品牌保持设计合作，在平衡设计的艺术价值和商业价值的同时，摸索并重新描绘设计的边界。

Nan Knits

Nan Knits 创立于 2021 年，是以针织为主要特色的当代设计师品牌。品牌旨在探索针织领域的未来，挑战传统针织服装的边界——打破规则，开发创作出具有复杂工艺的精致面料，重构哲学幻想与生活现实的关系，创造出具有未来感的服装作品，引领具有美学思考、兼具独特性和趣味性的针织服饰变革。设计师 Nan 毕业于伦敦时装学院 Fashion(Textile: Knit) 和皇家艺术学院的 Textiles-Knit 方向，在 2021 年创立个人品牌 Nan Knits 之前，他以工作室的形式为国内外品牌提供设计和针织开发服务，同时受中国美术学院外聘教授针织相关课程。经过两年的沉淀与思考，Nan 决定立足于对未来的思考，让针织这种古老工艺在新时代意识的碰撞下焕发新生，在不同的语境下，包容人群标签和时代面貌的千变万化。

NANO×ARCH ® 材料乘以设计 & 本土创造 Bentu Design

NANO×ARCH®(材料乘以设计) 源于 2011 年前的对“如何使材料成为媒介，通过产品和空间系统性的积极影响人类与环境关系”的个人好奇，2018 年起，作为中国首家提出“可持续材料设计”的企业，依托累积七年、包含上万种中国本土可持续材料的“中国可持续材料系统”，一直致力于探索如何在可持续价值导向下，更快更简单地让企业客户在其预算内用到最合适的可持续材料，并帮助其实现废料价值最大化。从材料角度，与企业品牌共创更多元的可持续影响力以积极影响市场。

本土创造是一个极具实验性、探索性，跨界多产的独立设计品牌，从事产品创新研发和设计。产品包括灯具、家居用品、户外家具、墙面装饰材料等，通过 CCC、PSE、CE、ROHS2.0、SAA、C-TICK、FCC、IC 认证，具有自主知识产权专利 200 余项。扎根于本土文化，怀揣万物平等的关怀，以设计为手段，让材料回归本质，成为符合日常需求的产品。

聂若涵 Nie Ruohan

RUOHAN 是由设计师聂若函在 2021 年三月创立的女装设计师品牌。品牌用简洁的设计语言，以低饱和度的中性色调，表达纯粹生活的态度。RUOHAN 致力于打造有呼吸感的设计和不费力的时尚，为女性打造适配休闲、通勤、聚会等多场景的日常穿搭，赋予普通人也可驾驭的日常高级感。在 2022 春夏上海时装周上，RUOHAN 秀场获得了连卡佛的独家赞助，而品牌也获得了由连卡佛和蕾虎联合颁发的奖学金，以及上海时装周官方颁发的商业表现力品牌奖。RUOHAN AW21 系列也曾被展示在位于伦敦和上海的“哈罗德 × 蕾虎”线下快闪店。自 22 秋冬系列开始，品牌通过巴黎 Boon Paris Showroom 进入海外市场，并作为唯一入选巴黎时装周 2023 春夏系列的亚洲新晋品牌亮相巴黎时装周官方日程。RUOHAN 致力成为传达东方态度的国际化品牌。

Nothing

Nothing 让科技再次变得有趣。于 2020 年在伦敦成立，致力为寻求创新体验的使用者打造出开放生态系统的产品。短短两年间，Nothing 便证明自己成为了科技新星。作为近期最受期待的科技产品之一，Phone(1) 入选《时代》杂志 2022 年度的最佳发明，连同另外两款无线耳机 Ear(1) 和 Ear (stick)，Nothing 产品在全球的销售总量已超过 100 万台。在 2022 年 12 月，Nothing 的第一家零售门市 Nothing Store 于伦敦苏豪区开张，在伦敦的文化枢纽大放异彩。

ONOAA STUDIO 建筑室内设计事务所

由 GaoYa 和 ChenPeng 在上海成立。设计项目覆盖办公、零售、商业空间以及多可能性的创意空间。他们一直致力于在创意性想法和现实方案中寻求平衡，赋予空间独特的设计理念和空间体验。ONOAA 中的“on”代表“on-site”，“on-site”意为“在现场”，旨在表达我们对“设计需要关注并现场把控项目完成”的态度。设计师不仅需要拥有解决原始问题的能力，更应该能够解决由他们的创新想法带来的新问题。ONOAA 将空间实验与现实相结合，希望通过对设计过程的准确控制和持续协调来寻找问题的答案。

OPEN 建筑事务所
OPEN Architecture

OPEN 是一家国际知名建筑事务所，由李虎和黄文菁创立于纽约，2008 年建立北京工作室。主要作品包括：烟台时光塔、山谷音乐厅、上海青浦平和双语学校、UCCA 沙丘美术馆、上海油罐艺术中心、深圳坪山大剧院、清华大学海洋中心、北京四中房山校区、歌华营地体验中心等。OPEN 与跨越不同领域的合作者一起实践城市设计、景观设计、建筑设计、室内设计及设计策略的研究与创造。OPEN 相信建筑以其创新的力量，可以影响和改变人们的生活方式，同时在建造与自然之间达成平衡。OPEN 的作品在国内外赢得了广泛的关注和认可，曾获得 WA 中国建筑奖优胜奖、亚洲建筑师协会建筑奖金奖、英国 AR 未来建筑奖、美国建筑师协会教育建筑奖优胜奖等重要奖项，并被纽约现代艺术博物馆（MoMA）和香港 M+ 博物馆收藏。

Order Studio

Order Studio 是由设计师李白在 2022 年创立于上海的设计工作室，业务涵盖室内设计、产品设计与建筑改造。Order 作为对设计的解读，其核心思想是探究自然、社会、人之间的关系。这也是 Order Studio 对空间与产品的解读——效法自然。

Ponder.er

Ponder.er 是设计搭档 Alex Po 和 Derek Cheng 的创意结晶，意在挑战性别固化与社会陈规。品牌颠覆性的性别流动设计以检验和打破固化和惯例为核心，鼓励穿着者尝试及探索自我。品牌与香港芭蕾舞团合作，荣登香港版“Vogue The Next List 2020”榜单，并因此荣获 2022 年 Yu Prize 创意大奖年度大奖及 Fashion Asia Hong Kong 的亚洲十大焦点设计师名衔。其 2022 年秋冬系列亦入围卷宗 Wallpaper*设计大奖最佳时装系列。

水雁飞 Shui Yanfei

雁飞建筑事务所是一个跨领域的研究型事务所，成立于 2012 年。雁飞建筑事务所关注中国现状，探索形式为当下生活提供一些新的可能。作品在业内受到广泛关注，2018 年荣获 AIA 美国建筑师协会卓越设计奖，同年受邀参加威尼斯建筑双年展，参与 2019 年德国柏林 Aedes 巡展国家艺术基金项目“我们的乡村”，2023 年荣获“自然建

造 · Architecture China Award”青年探索奖。

STUDIO DPi

STUDIO DPi 是一家视觉设计事务所—— Design For Per Issue，专注于为每个问题提供有效的视觉解法。STUDIO DPi 为新品牌的客户提供品牌设计、艺术指导、产品包装等服务；同时，也与文化领域的艺术家、策展人、编辑、建筑师保持着持续的合作，开展视觉识别、展览、网站、印刷品等的设计和实践。

Studio KAE

KAE 是一个年轻的产品设计事务所，两位来自 Royal College of Art 的主理人 Zhekai 和 Keren 试图让产品的形式美回归材料与工艺本身。伴随着对工业产品和手工艺品两者关系的思考，试图在理性结构与情感温度中找到它们的平衡。同时，KAE 致力于探索能改善社会和环境的可持续设计的材料研究，通过实验性的解决方案来重新定义符合现代生活方式的家居产品。

studiososlow

Studiososlow 成立于 2020 年，由设计师 liz 和 yuchen 在上海创立。studiososlow 专注于发现生活中的线条、触感与声音，将这些感觉具象化为物件，设计有用或无用之物。

土上工作室 Onearthstudio

土上工作室创立于 2013 年，致力于对地域自然材料资源与传统营建智慧的发掘，通过科学凝练与优化整理，转化为对设计的思考与实践，并希望能以诚实、朴素的设计来回应我们在生活、文化、生态可持续等方面所面临的一系列挑战。工作室依托北京建筑大学、西安建筑科技大学和无止桥慈善基金等平台，研究与实践涉及基础研究与示范、乡村扶贫建设、商业建筑实践、产品设计与制造、展览与公益教育、国际交流与协作等多个领域。近年来，团队作为联合国教科文组织“生土建筑、文化与可持续发展”教席成员，在国内生土建筑研究与设计实践方面取得了一系列具有开创性的成果，获得了国内外专业领域与社会各界的广泛关注和认可。

西涛设计工作室　Atelier tao+c

2016 年成立于上海，西涛设计工作室的实践涉猎广泛从一只吊灯到一个街区、从城市极小住宅室内到乡村老屋改造、从街头小店到青年社区。与实践相结合，同时专注于既存建筑更新和居住空间的物体聚落等研究课题。成立六年以来，工作室多个作品被 Gestalten、Phaidon 等出版社收录。西涛设计工作室的项目获得众多国际设计奖项，其中吱音北京店获选 2022 年卷宗 Wallpaper* 设计大奖最佳室内设计奖。

众建筑　People's Architecture Office

众建筑 / 众产品由何哲、沈海恩和臧峰于 2010 年在北京创立，团队成员来自海内外，包括建筑师、工程师、产品设计师和规划师。众建筑以“设计为大众”为原则，在城市、建筑、产品等多个领域中通过设计产生影响力。众建筑是亚洲首家获得 B Corp 认证的建筑设计机构，成为社会创新的一个范本。众建筑将办公室设在北京中心城区的一处老旧四合院中，作为观察生活、测试构想和生产建造的实验室。作品屡获 Architizer A+ 奖、德国红点奖(Red Dot Award)和世界建筑节大奖(World Architecture Festival Award)；也曾在威尼斯建筑双年展、鹿特丹国际建筑双年展、哈佛大学设计学院参展，并现身纽约、伦敦、米兰、首尔和香港等地的展览活动。

钟梓欣　Zhong Zixin

生活方式时装品牌 Zhong Zixin 由设计师钟梓欣于 2021 年在上海创立。钟梓欣 2018 年硕士毕业于英国中央圣马丁艺术与设计学院女装设计专业，曾于 2018 年参与伦敦时装周，并获得广泛关注。她的设计兼具艺术性和可穿着性，成衣时常显露出雕塑般的质感和女性线条的独特美学。Zhong Zixin 是以服装作为出发点，延伸至家居产品的生活方式时装品牌。品牌从“家”的情景中获取灵感，时装系列以现代 Art Deco 元素构建起服装与家居之间的联系。

周宸宸　Frank Chou

Frank Chou Design Studio 周宸宸设计工作室成立于 2012 年，作为具有代表性的独立产品设计工作室，尝试通过独特而客观的视角，寻找属于中国现代且与世界同步的设计表达方式。在宏观设计思维体系下，工作室的每一件作品都与产业、制造业、商业及市场相融合，表达着对当下社会形态的思考、对设计自由的追求，为中国设计现代化进程助力。近年来，工作室在国内外设计艺术界备受关注，成为米兰设计周、伦敦设计周、巴黎 FIAC、设计上海等行业重要展览活动上的焦点。目前，工作室业务已涵盖产品设计、品牌核心策划、空间设计、品牌顾问、展览策划等领域。

022397

022397BLUFF，022397 是一种蓝色，而 BLUFF 是一种对待生活的态度。022397BLUFF 拥有独属于自己的宇宙，它既没有固有时间也没有固有空间，既不拥有性别，也不拥有年龄。022397BLUFF 为中性的前卫主义风格，2019 年由 022397 和 021596 共同创立于法国巴黎，为独立设计师品牌。设计师 022397 来自中国贵州，毕业于法国巴黎服装工会学校（L'Ecole de la Chambre Syndicale de la Couture Parisienne，现为 IFM），擅长结合多介质多视觉角度，用独属于自己的强烈语言去诠释其概念。

the CLASH of IDEAS

“观念的撞击——记录中国设计进程 2022”展览现场，摄影：朱润资

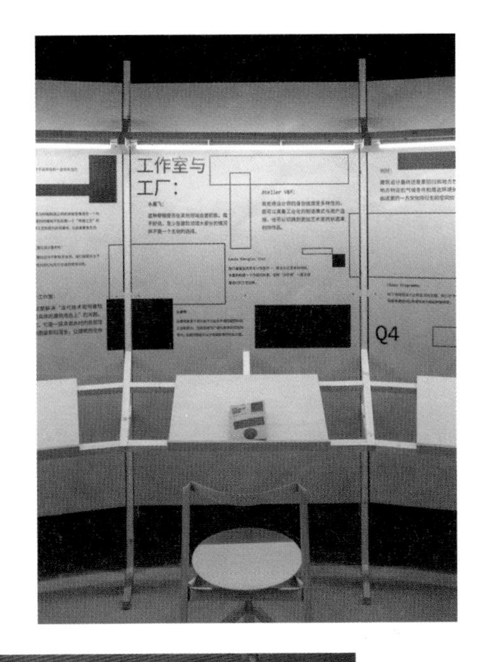
工作室与
工厂：
Q4

出品 Produced By： 卷宗 椭椭华生 HUASHENG MEDIA CMC 华人文化成员企业

特别合作伙伴 Supported By： CHANEL

策展人 Curator：汪汝徽 Violet Wang
空间设计 Space Design：西涛设计工作室 Atelier tao+c
视觉与出版物设计 Vision and Publication Design：on paper
照明设计 Lighting Design：DLX 驭韶照明设计 DLX Lighting Design
特约撰稿人 Content Contributor：王屿彤 Yutong Wang
特约平面设计 Design Contributor：孙越 Yves Sun